真空绝热板 300 问

陈照峰　主

U0170205

中国建材工业出版社

图书在版编目（CIP）数据

真空绝热板 300 问 / 陈照峰主编. –北京：中国建
材工业出版社，2022.1

ISBN 978-7-5160-3351-7

Ⅰ. ①真… Ⅱ. ①陈… Ⅲ. ①真空绝热－隔热板－问
题解答 Ⅳ. ①TB34-44

中国版本图书馆 CIP 数据核字（2021）第 234536 号

内 容 简 介

　　本书总结了我国真空绝热板行业十余年的研究和发展成果，以问答形式集中展示了真空绝热板的相关概念、发展历程、生产工艺、测试评价、建筑应用、冷链应用、施工规范和法规标准等内容，旨在增强真空绝热板的社会认知度，提高生产设计人员的工艺技术水平，加大真空绝热板在冷链、建筑、管道保温等行业的推广力度，为我国实现碳达峰、碳中和目标贡献绵薄之力。

　　本书适合作为真空绝热板生产企业技术人员的培训教材，同时可供节能保温行业设计、施工和监管人员学习，也可作为销售和贸易领域人员的参考用书。

真空绝热板 300 问

Zhenkong Juereban 300 Wen

陈照峰　主编

出版发行　中国建材工业出版社

地　　　址：北京市海淀区三里河路 1 号

邮　　　编：100044

经　　　销：全国各地新华书店

印　　　刷：北京雁林吉兆印刷有限公司

开　　　本：710mm×1000mm　1/16

印　　　张：10.5

字　　　数：180 千字

版　　　次：2022 年 1 月第 1 版

印　　　次：2022 年 1 月第 1 次

定　　　价：**58.00 元**

本书编委会

顾　　问：韩继先（中国绝热节能材料协会）

主　　编：陈照峰（南京航空航天大学）

副 主 编：杨丽霞（南京航空航天大学）

张俊雄（南通大学）

阚安康（上海海事大学）

李学文（山东信泰节能科技股份有限公司）

胡站东（内蒙古普泽新材料科技有限公司）

糜　强（江苏山由帝奥节能新材股份有限公司）

顾霜杰（成都瀚江新材科技股份有限公司）

高伟民（神州节能科技集团有限公司）

陈　京（河南卓涛新材料科技有限公司）

余　斌（峨眉山长庆新材料有限公司）

马汝军（苏州市君悦新材料科技股份有限公司）

参编人员：李　兴　吴乐于　吴　琼　李曼娜　刘亚丹　杨　静

王　林　王　婷　肖七巧　叶信立　沙春鹏　艾素芬

陈　清　杨孟孟　刘天龙　周倩波　倪　磊　孟　强

参编单位：南通福美新材料有限公司

滁州银兴新材料科技有限公司

序言

2020 年 9 月和 12 月，习近平主席分别在联合国大会和气候雄心峰会上向世界承诺，中国将提高应对气候变化的国家自主贡献度，力争在 2030 年前实现碳达峰，2060 年前实现碳中和。2021 年 7 月 6 日，习近平主席在出席中国共产党与世界政党领导人峰会发表主旨讲话时指出，中国将为履行碳达峰、碳中和目标承诺付出极其艰巨的努力，为全球应对气候变化作出更大贡献。

在全球气候变暖背景下，极端天气发生的概率不断增大。尤其是 2021 年 6 月以来，北半球出现持续高温热浪，给人类社会未来发展带来极大风险。极端气候环境下，夏季变得更热，冬季变得更冷，都将需要更多的电、气、煤和油用于制冷和制热，这又将导致更大的能源消耗和更多的二氧化碳排放，因此节约能耗具有重要的战略意义。正如中国工程院谢克昌院士在"2021 中国能源'金三角''十四五'区域协同发展论坛"上所说："相比拓展二氧化碳资源化利用途径，节能提效才是实现碳达峰、碳中和的第一优选。"

2021 年 10 月 24 日，国务院印发《2030 年前碳达峰行动方案》，将"节能降碳增效行动"作为第二项重点任务，要求实施城市节能降碳工程，开展建筑、交通、照明、供热等基础设施节能升级改造，推进先进绿色建筑技术示范应用，推动城市综合能效提升；实施重点行业节能降碳工程，推动电力、钢铁、有色金属、建材、石化化工等行业开展节能降碳改造，提升能源资源利用效率。

我国建筑能耗约占全社会总能耗的 30%，建筑节能需求更加迫切。住房城乡建设部发布并将于 2022 年 4 月 1 日实施的《建筑节能与可再生能源利用通用规范》（GB 55015—2021）对新建居住建筑和公共建筑平均设计能耗水平做了如下规定：严寒和寒冷地区居住建筑平均节能率应为 75%；其他气候区居住建筑平均节能率应为 65%；公共建筑平均节能率应为 72%。真空绝热板作为超级绝热材料，是目前世界上导热系数最低的材料之一，主要应用于建筑保温、冷链物流和油气管道保温等领域，可显著提升节能水平。

"真空绝热板外墙外保温系统"成果曾荣获"2012 年度中国建筑材料联合会·中国硅酸盐学会建筑材料科学技术奖"二等奖。十余年来，真空绝热板在新建建筑保温和旧房节能改造中发挥了巨大作用，得到成功、高效、广泛的应用，累计用量达 1 亿平方米，并形成了一系列规范、规程。我国相关技术和标准编制工作走在世界前列，引导了我国绿色建筑的快速发展。

本书在总结我国十余年来真空绝热板发展成果的基础上进行编写，以"问答"的方式呈现。本书理论与实践紧密结合，对技术人员准确理解真空绝热板相关理论，指导真空绝热板制造和应用有重要参考价值。

中国绝热节能材料协会
常务副会长兼秘书长

2021 年 10 月

前言

　　2020年，全国建筑施工面积约144.16亿平方米，按0.3的比率计算，外墙保温材料的需求量约为43亿平方米，外墙保温市场潜力超过4000亿元。2020年，全国冰箱、冷柜、自动售卖机、冷藏车等冷链设备总销量为1亿多台，冷链市场潜力达1000亿元。巨大的市场需求为真空绝热板产业注入强劲动力。2020年新冠肺炎疫情以来，国际市场对大冰箱的需求爆发，带动我国真空绝热板产业又上一个新台阶。可开工真空绝热板企业从二十余家增加到四十余家，与2019年相比增长率达到100%。目前，真空绝热板芯材超细离心玻璃棉的供应商开始分化，投资回暖，预计其年产能已达10万吨。随着传统黄棉对超细化需求的增长，预计到"十四五"末我国超细玻璃棉年产能将达到50万吨。气相二氧化硅价格平稳，因生产环保要求和技术壁垒，供应商集中度提高。膜材壁垒较高，国产膜材经过几年试用，性能突出，质量稳定，已开始小面积使用。业内大型企业已开始在国内资本市场发力，专注于真空绝热板主业的福建赛特新材股份有限公司上市，起到了显著的示范作用。

　　随着"碳达峰、碳中和"战略的实施，作为绝热节能的重要材料，真空绝热板将在"十四五"期间呈现井喷式发展，原因如下：一是国外疫情依然严峻，家庭对大冰箱需求激增，冷链外销型真空绝热板产销两旺，疫情也带动对冷链物流车和物流箱需求的增长，优势企业订单不断；二是国家标准《真空绝热板》（GB/T 37608—2019）于2020年5月1日正式实施，使真空绝热板进入建筑市场的技术瓶颈完全打开，配合绿色节能建筑相关政策发力，建筑用真空绝热板达到历史风口；三是中国绝热节能材料协会真空绝热板分会于2020年10月组建，将推进制定更加先进的行业标准，成立真空绝热板知识产权联盟，推动优势企业间设备与产品互认，保持我国真空绝热板技术的国际领先地位。

本书根据作者团队研究的理论和实践成果，查阅相关文献资料编写而成，全书收录了与真空绝热板相关的 300 个问题并进行解答。本书可供节能保温行业人士，特别是真空绝热板行业从事建筑设计以及施工单位的人员阅读参考。本书的编写得到南京航空航天大学超级绝热材料实验室的大力支持，实验室研究生在问题收集、回答、编撰、试验验证等方面做了大量工作。本书参考了大量文献资料，恕不能在此一一列举，特向所有支持、关心本书出版的单位和个人表示感谢。期待本书能为我国真空绝热板的推广起到一定的积极作用。

　　由于时间仓促，编者水平有限，本书难免有错误和疏漏之处，敬请广大读者批评指正。

编　者
2021 年 8 月

目 录

第1章 真空绝热板概念和基础

1. 什么是真空绝热板?

真空绝热板是由英文 Vacuum Insulation Panel 翻译而来,通常简称为 VIP,是真空保温材料中的一种。真空绝热板由填充芯材与保护表层经真空封装复合而成,它有效地避免了空气对流引起的热传递,因此其导热系数大幅度降低,甚至小于 $2mW/(m \cdot K)$。真空绝热板不含有任何消耗臭氧层物质 (ODS) 的材料,具有环保和高效节能的特性,是一种先进、绿色、高效、绝热的保温材料。

2. 什么是超薄板?

超薄板 STP 是我国自主发明的用于建筑领域的真空绝热板。STP 是英文 Super Thin Panel 的简称,特指建筑外墙、内墙保温用真空绝热板,其芯材主要以导热系数极低的气硅粉、微硅粉和矿渣粉为原材料,辅以少量玻璃纤维为增强剂模压而成,其膜材是由铝塑膜与耐碱玻纤网格布热压复合而成。相比于冷链用真空绝热板,STP 板的密度更大,导热系数通常小于 $8mW/(m \cdot K)$,燃烧等级为 A1 级。

3. 什么是第五大能源?

绝热材料一方面满足了建筑空间、冷藏设备或热工设备的隔热和保温需求,另一方面也降低了制冷和制热设备的功耗,相当于节约了能源,因此绝热材料被看作是继煤炭、石油、天然气、核能之后的"第五大能源"。

4. 什么是碳达峰和碳中和?

碳达峰,是指某个地区或行业年度二氧化碳排放量达到历史最高值,然后经历平台期进入持续下降的过程,是二氧化碳排放量由增转降的历史拐点,标志着碳排放与经济发展实现脱钩,达峰目标包括达峰年份和峰值。

碳中和,是指企业、团体或个人测算在一定时间内直接或间接产生的温室气体排放总量,通过植树造林、节能减排等形式,抵消自身产生的二氧化碳排放,实现二氧化碳的"零排放"，简单而言，也就是让二氧化碳排放量"收支相抵"。

5. 节能减排有何具体含义？

节能减排包含了两层含义，分别是节约能源和减少排放。1979 年，世界能源委员会首次提出了节能的概念。广义节能是指节约原材料消耗、提高产品质量、提高劳动生产率、减少人力消耗、提高能源利用效率等；狭义节能是指节约煤炭、石油、电力、天然气等能源。减排就是减少废弃物和环境有害物（包括"三废"和噪声等）排放，"十四五"期间，减碳排放将成为重要方向和抓手。

6. 什么是保温材料和绝热材料？

保温材料没有统一概念，通常把导热系数较低的材料称为保温材料，并把导热系数在 0.1W/(m·K) 以下的材料称为高效保温材料。

根据《绝热材料及相关术语》（GB/T 4132—2015），绝热材料是指用于减少热传递的一种功能材料，其绝热性能决定于化学成分和（或）物理结构。实际工程应用中，把导热系数在 0.05W/(m·K) 以下的材料称为绝热材料。

7. 什么是超级绝热材料？

超级绝热材料是指在预定的使用条件下，其导热系数低于静止空气导热系数的绝热材料，静止空气导热系数为 0.026W/(m·K)。

8. 哪些材料是超级绝热材料？

聚氨酯泡沫，导热系数＜20mW/(m·K)；

气凝胶，导热系数＜5mW/(m·K)；

气凝胶毡，导热系数≤20mW/(m·K)；

建筑用真空绝热板，导热系数＜8mW/(m·K)；

冷链用真空绝热板，导热系数＜2.5mW/(m·K)。

9. 什么是保温装饰板？

保温装饰板是一种具有保温功能的复合装饰板，由保温材料、装饰面板以及连接件复合而成，具有保温和装饰功能。保温材料主要是无机泡沫保温板，装饰面板可选单一无机非金属材料，或由无机非金属材料衬板及装饰材料组成，以提高其阻燃防火性能。由中国建筑材料工业规划研究院和南京航空航天大学共同主编的《建筑用真空保温装饰一体板》已列入中国工程建设标准化协会《2021 年第一批协会标准制订、修订计划》，预计 2023 年完成。

10. 建筑用保温装饰板可分为哪几类？

建筑用保温装饰板按保温装饰板单位面积质量可分为Ⅰ型和Ⅱ型。

Ⅰ型：单位面积质量＜20kg/m²；

Ⅱ型：单位面积质量为 20～30kg/m²。

11. 国内外真空绝热板发展水平有哪些差异？

目前，国外主要应用传统的真空绝热板，表面为铝箔，能起到辐射、反射热的作用，导热系数极低。德国在建筑领域应用真空绝热板的方式与冰箱等白色家电方式一致，即将真空绝热板放置在夹层中，注入聚氨酯泡沫，一方面填充真空绝热板间隙，另一方面保证真空绝热板的安全。

我国使用真空绝热板替代传统的 EPS 等塑料保温板，真空绝热板的两面都要涂覆水泥砂浆，而水泥砂浆对铝箔有强烈的化学腐蚀。为了避免造成对铝箔的腐蚀，提高真空绝热板的安全性、可靠性，我国自主研发了表面覆加玻璃纤维网格布的真空绝热板，不仅起到了防腐蚀作用，而且提高了真空绝热板的防火性能。同时，为了能在高层建筑中应用，我国还发明了中间带孔的真空绝热板。目前，我国在建筑外墙外保温系统中应用真空绝热板，其结构优势和制造技术水平处于国际领先地位。

12. 真空绝热板的主要用途是什么？

真空绝热板主要用于冷藏、冷冻及保温节能行业。冷藏、冷冻领域如各类冰箱、自动贩卖机、陆地冷库等固定式装备，以及船用冷库、冷藏集装箱、液化天然气运输船和运输车等移动式装备。保温节能行业如建筑外墙保温、建筑室内保温、飞机高铁汽车等运载工具保温、热力管道保温、热水器保温等。

冰箱采用真空绝热板可节能 10%～30%，并且增加有效容积 20%～30%。尽管现在真空绝热板的价格还偏高，但用户使用冰箱 7～10 年节约的电费，已相当于冰箱采用真空绝热板增加的费用。

以蓄冷材料维持低温的冷藏箱，采用聚氨泡沫塑料（PU）或酚醛塑料（PF）保温时，保温期只有 1～2d；采用真空绝热板隔热材料后，保温期可延长至 4～5d，使原来必须使用空运的物品，可以改用卡车或者火车运输，大幅度降低了运输费用。

冷藏保温箱采用真空绝热板新材料后，保温箱体积减小 70%，冷却剂减少

68%，而保温期则可延长 66%，减少了运费，提高了运距，经济效果明显。

建筑采用真空绝热板新材料后，德国研究资料表明，其使用空间可增大 10%，电能消耗可降低 15%～25%。

13. 真空绝热板的优势有哪些?

(1) 同其他绝热材料相比，真空绝热板导热系数最低；

(2) 用于冷藏、冷冻（设备）设施可增加储存空间；

(3) 用于建筑外墙保温可增大建筑容积率和得房率；

(4) 用于建筑内墙保温可减少空调运行时间，显著节约能耗；

(5) 保温技术要求相同时，保温层厚度薄、体积小、质量轻；

(6) 刚度高，硬挺度好，可直接作为装饰保温面。

14. 真空绝热板由哪三部分材料组成?

真空绝热板通常由外包装的阻气膜、芯材和吸气剂三部分组成。图 1-1 为真空绝热板的结构示意图。由图可见，真空绝热板因热封结构而带有热封边，热封边可折叠。阻气膜种类包括铝塑膜、铝塑膜＋玻纤布等，芯材种类包括有机、无机或粉体、纤维等，吸气剂种类包括金属、氧化物、盐等。真空绝热板具有丰富的组成材料和结构。

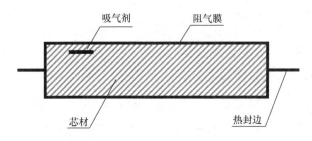

图 1-1　真空绝热板的结构示意图

15. 真空绝热板阻气膜通常由哪几种材料组成?

表面阻气膜通常由三部分组成，即：结构层、热封膜、气体阻隔膜。结构层主要包括聚碳酸酯薄膜、聚酯薄膜、双向拉伸聚酰胺、双向拉伸聚丙烯等；热封膜主要包括聚偏二氯乙烯薄膜、聚乙烯薄膜、耐酸共聚物等；气体阻隔膜主要包括非晶态尼龙、聚乙烯醇、乙二醇、偏二氯乙烯薄膜、蒸汽镀铝、铝箔材料等。

16. 真空绝热板表面阻气膜典型叠层结构有哪几种？

阻气膜是真空绝热板长期维持内部高真空度的关键。根据热桥效应由大到小，阻气膜依据其添加铝的形式主要划分为：铝箔塑料复合膜、铝膜复合膜、非金属涂层塑料复合膜等。图 1-2 列举了四种典型的阻气膜结构图。

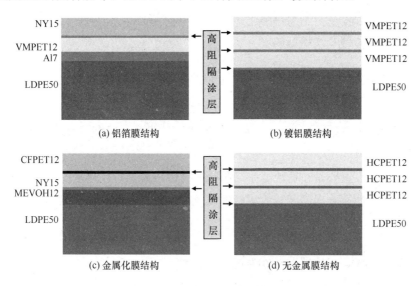

图 1-2　四种典型的阻气膜结构图

冷链用真空绝热板表面阻气膜的结构一般从内到外分别是聚乙烯 PE、尼龙 PA、铝箔、聚酯 PET；建筑用真空绝热板表面阻气膜的结构一般从内到外分别是聚乙烯 PE、尼龙 PA、铝箔、聚酯 PET 和玻纤布。PE 通常是高密度 PE 和低密度 PE 共混复合双层，有良好的热封功能；PA 不仅能阻隔氧气，还能提高膜的抗冲击能力；铝箔阻止氧气、氮气和水汽等渗入，且反射能力强，遮红外光，防紫外线照射；PET 是玻纤布与铝箔之间的粘结层，有阻水阻气的作用，尤其能阻隔高碱水泥液与铝箔直接接触，避免铝箔腐蚀，PET 层的厚度和质量决定建筑用真空绝热板的粘贴安全性和服役稳定性；玻纤布的作用是阻燃、防刺，维护运输安全性，还能提高与表面砂浆的粘结强度，阻滞、延缓水泥溶液渗透，避免其与铝箔迅速接触。

17. 真空绝热板阻气膜层间通过什么材料粘结？

（1）阻气膜每层之间主要通过聚氨酯胶水粘结，等胶水干燥后进行热压复合，称为干式复合。干式复合是指黏合剂在干的状态下进行复合的一种方法，先在一种基材上涂好黏合剂，经过烘道干燥，将黏合剂中的溶剂全部烘干，在加热状态下将黏合剂熔化，再将另一种基材与之贴合，然后经过冷却，经熟化处理后生产出具有优良性能的复合材料的过程。

（2）阻气膜之间也可以用 PE 膜，通过加热加压，使 PE 膜熔化形成胶粘剂，并将两层膜复合，称为共挤复合。

（3）在特殊要求情况下，也采用无机耐碱胶水粘结，尤其是在 PET 和玻璃纤维之间，以提高其阻燃性能。

18. 真空绝热板低渗透率阻气膜和高耐久性阻气膜指的是什么?

从功能上，真空绝热板阻气膜主要包括低渗透率膜和高耐久性膜两大类。

低渗透率膜主要包括乙烯-乙烯醇共聚物（EVOH）膜和金属化聚乙烯-乙烯醇（METEVOH）薄膜。

高耐久性膜主要是在低渗透率高阻隔薄膜的内外两侧用热合的方法复合两层玻璃纤维布，能显著提高膜材的耐碱性以及抗穿刺性，解决真空绝热板与砂浆的结合问题，其水汽渗透率处在铝箔型膜材与镀铝型膜材之间。

19. AF 型和 MF 型膜材分别是指什么?

AF 是 Al-Foil 的简称，指铝箔型膜材。MF 是 Al-Metallized Film 的简称，指镀铝型膜材。AF 和 MF 是应用成熟的膜材类型，图 1-3 为铝箔型膜材与镀铝型膜材结构图。

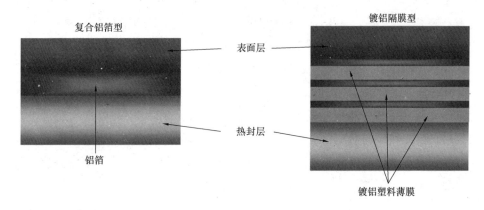

图 1-3　铝箔型膜材与镀铝型膜材结构图

铝箔柔软可折叠，但机械强度低，封合性差，而将铝箔与高强度、可热封的塑料薄膜进行复合，就可得到阻隔性能、力学性能及热封性能优良的 AF 型膜材。AF 型膜材是一种具有高气密性、高阻隔性、高柔软性和一定耐热性的包装材料，广泛应用于食品包装、蒸煮袋、化学药品等工业产品包装以及真空绝热材料。

MF 型膜材是采用特殊工艺在塑料薄膜表面镀上一层极薄的金属铝而形成的一种复合软包装材料，其中最常用的加工方法是真空蒸镀法，即在高真空状态下通过高温将金属铝熔化蒸发，使铝的蒸气沉淀堆积到塑料薄膜表面上，从而使塑料薄膜表面具有金属光泽。镀铝膜厚度仅 $0.1\mu m$，而铝箔厚度达 $7\mu m$，因此铝箔阻气膜表面热流量很大，引起的热桥效应显著，我国目前还不能生产真空绝热板用镀铝/塑料复合膜。

20. 什么是 EVOH 膜？

EVOH 是乙烯-乙烯醇共聚物的简称。EVOH 具有优异的阻隔性、耐油性、耐化学腐蚀性、透明度、抗静电性等，尤其是阻气性能极佳。其阻气性能比尼龙 PA 高 100 倍，比聚乙烯 PE 和聚丙烯 PP 高 10000 倍，能够有效地阻止氧气、二氧化碳等气体的渗透，是气体阻隔性能最高的产品之一。此外，EVOH 对非极性的油类、有机溶剂也有极好的阻隔性能。

EVOH 阻隔性能主要由乙烯和醋酸乙烯酯两种共聚单体的比例决定。当乙烯含量增加时，其阻隔性能下降。另外，随着温度的升高，其阻隔性能也会下降。EVOH 分子中含有羟基，因而具有很强的亲水和吸湿性能。EVOH 吸湿后，其阻隔性能会下降。低温时，EVOH 比较硬，脆性大，耐冲击性能较差；应用到膜材上时，将 EVOH 与其他物质进行共混改性，可解决其低温下耐冲击性能差的缺点，也可提高其耐弯曲疲劳性能、耐冲击性能和拉伸性能。

将 EVOH 与尼龙（PA）、聚乙烯（PE）、聚丙烯（PP）通过熔融共挤法，可制备具有优异的阻隔性能和力学性能的 5 层复合阻隔膜料，其中 EVOH 和 PA 作为复合膜的阻隔层，PE 作为复合膜的热合层。

21. 什么是 METEVOH？

METEVOH 是金属化聚乙烯-乙烯醇薄膜的简称，年气体渗透率约为 $1.66cc/m^2$，为普通膜的 $1/6\sim1/4$，使用该薄膜制备的真空绝热板具有极小的热桥效应，其导热系数在 15 年内可维持在 $6mW/(m\cdot K)$ 以下，能极大地提高真空绝热板的使用寿命。

22. 目前全球有哪些真空绝热板阻隔膜生产厂家？

目前，工艺成熟且可批量生产膜材的厂家主要有以色列哈尼塔、日本可乐丽、大日本油墨、日本大仓、日本细川洋行、中国申凯和中国道科等公司，其中可乐丽和哈尼塔占据了全球的主要市场份额。

23. 哈尼塔薄膜的结构是怎样的？

哈尼塔真空绝热板膜材有两种（图 1-4），一种是 AF 传统型，另一种是 MF 先进型。正在发展的多层镀铝 PET 和 PST 新型复合阻气膜，因卓越的镀铝技术和特殊的 PST 层，对空气和水蒸气具有非常高的阻隔性，水蒸气透过率小于 $0.01g/(d \cdot m^2)$，空气透过率小于 $0.005cm^3/(d \cdot m^2)$。

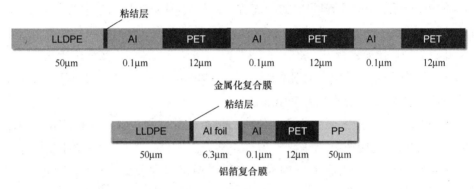

图 1-4　哈尼塔的两种真空绝热板膜材结构

24. 真空绝热板芯材有哪几类？

（1）泡沫类芯材

早期是聚氨酯等有机泡沫，但是由于长期在真空环境下，有机泡沫挥发性大，近年来也有用玻璃泡沫等无机泡沫作为芯材，但需用无纺布先对其进行包裹然后再封装使用。由于有机泡沫制造能耗小、成本低，随着碳达峰的推进，有机泡沫改性后具有良好的市场前景。

（2）粉体类芯材

气相二氧化硅纳米粉作为芯材，导热系数较高，但寿命长。为降低成本，可以气相二氧化硅为主要组分，辅助微硅粉、火山灰、大理石粉、炉渣粉等进行成本和性能调控，目前已取得一定效果。

（3）纤维类芯材

早期采用成本较低的玻璃纤维短切丝作为芯材，但由于纤维孔径尺寸大，对气压敏感，市场逐渐减少。为降低气压敏感性，近年来超细离心玻璃棉芯材得到发展，其芯材孔径小，对气压不敏感，服役寿命长，已成为国际市场的主要品种。

25. 什么是微硅粉？

微硅粉又名硅灰、硅粉，是从金属硅或硅铁等合金冶炼的烟气中回收的粉尘，是一种固体废弃物，其形成过程如图1-5所示。在冶炼硅铁合金时，以石英岩碎石与生铁为原料，焦炭为还原剂，在电炉中近2000℃的高温下，石英成分还原成硅，随即与铁生成硅铁合金。此时，有10%～15%的硅蒸气进入烟道，并随气流上升遇氧结合成一氧化硅，逸出炉外时与冷空气中的富氧反应生成二氧化硅烟雾，受冷凝结为细小的球状微珠，这就是微硅粉。

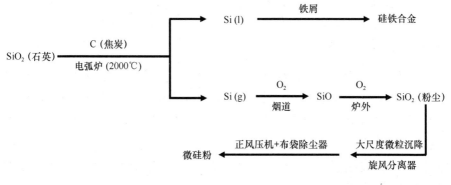

图 1-5　微硅粉形成过程

26. 什么是气相二氧化硅？

气相二氧化硅是氯硅烷在氢氧火焰中高温水解缩聚所制得的一种无定形纳米二氧化硅，其比表面积为 $100\sim400m^2/g$，堆积密度为 $30\sim60g/L$，孔隙率大于90%。燃烧尾气中有大量的水蒸气和氯化氢气体，具有很强的腐蚀性。气相二氧化硅非常适用于制备真空超级绝热材料和纳米孔超级绝热材料。首先，它的原生粒径只有 $7\sim40nm$，比表面积高，可以达到 $400m^2/g$，因此其聚集体以及粒子里面的空隙非常小，而且孔隙率也非常高。其次，气相二氧化硅的形态是由二氧化硅原生粒子形成的三维枝状刚性二氧化硅聚集体，聚集体再以氢键和范德华力连接形成二氧化硅附聚体，因此具有较小的体积密度（堆积密度为 $30\sim60g/L$）。再次，它是在 $1200\sim2100℃$ 制备，所以纯度高且在高温下比较稳定。最后，其成型工艺简单方便，直接与红外遮蔽剂、增强剂等添加剂混合后成型即可。

$$SiCH_3Cl + O_2 \longrightarrow SiO_2 + H_2O + HCl$$

27. 什么是火焰棉？

20 世纪 40 年代中期，Owens Corning 公司发明的火焰喷吹法克服了蒸汽喷吹法制玻璃棉直径粗、长度短、杂质含量多等缺点。玻璃球原料在窑炉中熔融后，通过多孔漏板将玻璃液先拉制成有序的多股初级连续纤维，随后初级纤维在水平燃烧器的高温高速火焰气流喷吹作用下二次熔融，液滴被高速风剪切、拉伸形成纤维棉，可大幅度细化纤维直径并减少渣球含量，玻璃棉直径可细至 $1\mu m$ 以下。由于需要持续的高速高温火焰喷吹，火焰喷吹法能耗大、产量低，目前每台设备的产能仅为 165kg/d，天然气能耗为 $6000m^3/t$，低能耗火焰棉是研发的重要方向，具有良好的投资前景。目前，随着自动化和智能化技术提高，无人值守工厂已经开始运行，大幅度提高了其生产效率和产品质量。

28. 什么是离心棉？

20 世纪 50 年代开始出现能耗低、产能大、品质高的离心喷吹法玻璃棉。1967 年，美国突破了离心喷吹设备全自动控制技术，实现了离心喷吹玻璃棉制品的连续化规模生产，并且生产能耗远低于传统的蒸汽和火焰喷吹法。以平板碎玻璃、石英砂、长石、纯碱、硼砂等为主要原料熔化制备出澄清的玻璃液，玻璃液由料道进入高速旋转的离心盘，在离心力的作用下经侧壁上的小孔甩出，在离心盘外高温燃气的作用下再次软化，同时纤维前端受到另一股冷气牵引，从而获得细化的玻璃棉。玻璃棉在飘落的过程中可以喷洒树脂胶粘剂，经高温固化获得所需的玻璃纤维制品。

国产传统黄棉均为离心玻璃棉，棉丝直径在 $7\sim12\mu m$，硬而脆、渣球多，对皮肤有严重的刺激性，圣戈班和欧文斯科宁中国工厂生产的离心玻璃棉直径约为 $5\mu m$，具有柔软性好、隔热性能优异的特点，性价比高。

29. 什么是超细离心玻璃棉？

为了适应真空绝热板对芯材的需求，南京航空航天大学与原苏州维艾普新材料有限公司合作，开发出直径为 $2\sim4\mu m$ 的超细离心玻璃棉。2014 年 12 月，国际上首条年产 3000t 的超细离心玻璃棉生产线在太仓投产，打开了全离心玻璃棉芯材真空绝热板的新纪元，全离心棉真空绝热板导热系数低至 1.5mW/(m·K)，成为日韩冰箱优先采购的产品。

"十三五"末，我国超细离心玻璃棉产能约为 10 万 t，可产出 3000 万 m² 真空绝热板。随着碳达峰碳中和政策的实施，除了真空绝热板，传统黄棉要提高隔热水平和节能效率，超细化是必然趋势，预计到"十四五"末，我国超细离心玻璃棉产能将达到 50 万 t。

30. 什么是湿法芯材？

湿法芯材是指将纤维原材料分散在水性分散液中，经打浆、分离，然后上网抄造、干燥和切割，制备出表面较为平整的玻璃纤维棉毡。湿法芯材的优点是可通过添加不同直径和长度的玻璃棉调校浆料悬浮性，获得厚度可控、表观密度可控、孔隙可控的玻璃纤维湿法毡，且蓬松度低、压缩回弹小、渣球含量少，从而精确控制真空绝热板的导热系数和服役寿命。南通远顺耐纤有限公司引进南京航空航天大学科研成果，联合建设 10 万 t 超细玻璃棉湿法芯材基地，通过精密控制工艺流程，研制出厚度尺寸稳定、孔隙结构稳定、表观密度稳定、导热系数稳定的高性能芯材，将真空绝热板导热系数稳定在 $1.80\sim1.85\,mW/(m\cdot K)$，使真空绝热板导热系数由小于 $2mW/(m\cdot K)$ 变成精确到某个值，更加有利于工程设计。

在造纸行业中有"三分造纸，七分打浆"的说法，可见湿法技术的重要性。湿法芯材不仅需要高性能超细离心玻璃棉，还需要科学合理的打浆工艺，相互配合才能制造出导热系数准确、稳定的芯材及真空绝热板。

31. 什么是干法芯材？

传统离心法可直接制备出玻璃纤维棉毡，但是表面存在凹凸不平、面密度不均匀等情况，经过真空封装后，真空绝热板表面有明显的凹坑而无法使用。近 10 年来，人们通过精确调控流股流量、稳定离心盘转速，直接生产出面密度均匀的棉毡用于真空绝热板芯材，即干法芯材。然而，目前还面临三个严重的技术瓶颈：（1）棉毡的平整度和面密度无法准确控制，大流量超细玻璃棉无规则沉降引起局部穹隆；（2）直接制备的棉毡蓬松，厚度较大，需要通过热压进行定型，持续高温高压引起压辊、压板变形，生产效率低；（3）纤维具有高强度、高弹性，表层纤维高温蠕变伏贴后，内层纤维仍然具有极强的回弹性，真空绝热板在长期服役过程中会产生膨胀，导致结构和尺寸稳定性变差。

32. 湿法芯材和干法芯材的性能有何差异？

玻璃棉湿法芯材和干法芯材的性能对比见表 1-1。

表 1-1　玻璃棉湿法芯材和干法芯材的性能对比

性能	湿法芯材	干法芯材
平整度	平整	不平整
含湿率	低	低
蓬松度	低	高
渣球含量	低	高
纤维均匀度	均匀	不均匀
真空绝热板导热系数	波动范围小	波动范围大
真空绝热板寿命	长	短
综合成本	低	高

33. 硬质泡沫类芯材真空绝热板的特点是什么?

优点:低密度、低成本、结构稳定、尺寸稳定、工艺可靠。

缺点:(1)真空度要求高;(2)采用的发泡剂对环境保护不利;(3)泡沫的燃烧等级为 B 级,不满足建筑防火 A 级要求;(4)长期性能较差。

34. 纤维类芯材真空绝热板的特点是什么?

纤维种类有很多,常见的有玻璃纤维、矿棉和岩棉等无机纤维,其中玻璃纤维以其优异的保温绝热性、化学稳定性、低密度等特点常被用作芯材。

优点:纤维类芯材真空绝热板导热系数小于 $4mW/(m \cdot K)$,其中纤维的种类、直径和长度是主要的技术参数。

缺点:(1)采用纤维类材料作为芯材,真空封装会产生较大的压缩率,漏气后出现较大回弹,造成墙体出现鼓包、开裂等不良现象;(2)纤维类芯材真空绝热板对真空度要求较高,当板内真空度高于 100Pa 时,真空绝热板导热系数快速升高,因此必须采用超细离心玻璃棉。

35. 粉体类芯材真空绝热板的特点是什么?

通常用于制备真空绝热板的粉体类芯材多为无机非金属材料,如气相二氧化硅、沉淀二氧化硅、硅灰、膨胀珍珠岩、轻质浮石与蛭石等,其特点有:

(1)粉体类芯材制备的真空绝热板,其导热系数一般在 $4 \sim 8mW/(m \cdot K)$;

(2)粉体类芯材多为纳米级,对真空度敏感度不高,可有效延长真空绝热板的服役寿命;

(3)粉体类芯材真空绝热板抗压强度高,可用于地板保温、屋顶保温;

（4）粉体类芯材真空绝热板漏气后芯材不反弹，或反弹率极小，可用于外墙保温；

（5）粉体类芯材多为无机非金属材料，建筑防火等级为 A 级。

36. 粉体-纤维类芯材真空绝热板的特点是什么？

单一粉体芯材添加少量纤维，可提高芯材强度。单一纤维芯材回弹性大，添加少量粉体，可降低芯材回弹性，保持真空绝热板的结构稳定性。另外，纳米级粉体也可对纤维芯材中的孔隙进行调控，降低芯材的平均孔径，从而提高真空绝热板对气压的敏感性，延长其使用寿命。粉体纤维复合材料模型详见图 1-6。

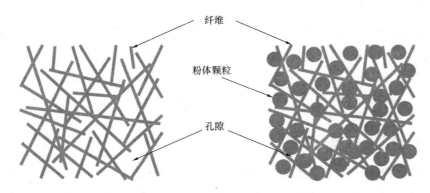

图 1-6　粉体纤维复合材料模型

37. 吸气剂的概念及作用是什么？

吸气剂（Getter）是能有效吸附气体分子的制剂的统称，用来获得或维持真空以及纯化气体等。吸气剂有粉状、碟状、带状、管状、环状、杯状等多种形式。

吸气剂大量应用于真空绝热板中，为绝热板创造良好的工作环境，稳定了绝热板的特性参量，对绝热板的性能及使用寿命有重要的影响，其作用如下：

（1）短时间内提高真空绝热板内的真空度（达 10^{-4} Pa 以上），有利于缩短排气时间；

（2）在真空绝热板的储存和服役期间吸附残余气体，维持一定的真空度；

（3）吸附真空绝热板阻隔膜缓慢扩散进来的气体。

38. 吸气剂的种类有哪些？

真空绝热板用吸气剂主要是化学吸附，单纯的物理吸附材料（如分子筛等）

由于真空下大量放气而不适用。吸气剂具有高度选择性，在添加吸气剂之前，必须根据真空绝热板芯材和阻隔膜选择合适的吸气剂种类，并对真空绝热板的使用寿命和内部气体量进行预测评估，从而确定吸气剂的添加量。

目前用于真空绝热板的吸气剂见表1-2。

表1-2　真空绝热板用吸气剂

种类	成分	吸收气体
干燥剂	高活性 CaO 纳米粉末	H_2O、CO_2
干燥剂＋氧化剂	高活性 CaO 纳米粉末＋具有催化作用的氧化物	H_2O、CO_2、CO
干燥剂＋氧化剂＋吸气合金	高活性 CaO 纳米粉末＋具有催化作用的氧化物＋Ba/Zr 基合金	H_2O、H_2、O_2、N_2、CO_2、CO

其中，具有催化作用的氧化物在吸气过程中对 CO、H_2 以及烃类的氧化反应具有较高的催化效率。在催化剂的催化作用下，CO 和 H_2 与真空绝热板内的 O_2 反应，生成 CO_2 和 H_2O，被 CaO 吸收。合金成分主要吸收 N_2、O_2 和 H_2。

39. 什么是硅胶干燥剂？

硅胶别名硅酸凝胶，透明或乳白色粒状固体，非晶态物质，主要成分是二氧化硅，化学式 $xSiO_2 \cdot yH_2O$，物理化学性质稳定，不燃烧。硅胶具有开放多孔结构，吸附性强，能吸附多种物质。

在水玻璃的水溶液中加入稀硫酸（或盐酸），静置后形成含水硅酸凝胶而固态化。用水清除溶解在其中的电解质 Na^+ 和 SO_4^{2-}（Cl^-），干燥后可得硅胶。加入氯化钴后，硅胶干燥时呈蓝色，吸水后呈红色。硅胶常用于气体干燥、气体吸收、液体脱水、色层分析等，也用作催化剂，可再生反复使用。吸收水分时，部分硅胶吸湿量约达 40％，甚至 300％。

40. 硅胶干燥剂的种类有哪些？

A 型硅胶：也称细孔硅胶，包括细孔球形硅胶和细孔块状硅胶，外观呈透明或半透明玻璃状，有 0.5～1mm、0.5～1.5mm、2～4mm、2～5mm 和 4～8mm 等规格。平均孔径 2.0～3.0nm，比表面积 650～800m^2/g，孔容 0.35～0.45mL/g，比热容 0.92kJ/(kg·℃)。

B 型硅胶：乳白色透明或半透明球状或块状颗粒，孔结构介于粗孔、细孔硅胶之间，孔容 0.60～0.85mL/g，平均孔径 4.5～7.0nm，比表面积 450～650m^2/g，物化性能稳定，主要用作空气湿度调节剂、催化剂及载体。

C 型硅胶：外观呈乳白色毛玻璃状颗粒，有球形和块状两种。平均孔径 8.0～10.0nm，比表面积 300～400m²/g，孔容 0.8～1.0mL/g，物化性能稳定，热稳定性好，机械强度高。

蓝色硅胶：蓝色硅胶分为蓝胶指示剂、变色硅胶和蓝胶，外观为蓝色或浅蓝色玻璃状颗粒。根据颗粒形状可分为球形和块状两种，常见的有 1～3mm、2～5mm 和 4～8mm 三种规格；具有吸湿后自身颜色由蓝色变为红色的特性；主要用于仪器、仪表、设备等在密闭条件下的吸潮防锈，同时又能通过吸潮后自身颜色由蓝变红直观地指示出环境的相对湿度。

41. 什么是憎水性？

憎水性广义上是指制品抵抗环境中水分对其主要性能产生不良影响的能力。在国际"保温材料憎水性试验方法"的"术语定义"中，憎水性被规定为反映材料耐水渗透的一个性能指标，依据《绝热材料憎水性试验方法》（GB/T 10299—2011），其定义为用规定的方式、一定流量的水流喷淋后，试样中未透水部分的体积百分率。

材料的吸水率是指材料吸收水的质量与浸水前实测质量的百分比，是在选用绝热材料时应该考虑的一个重要因素。常温下水的导热系数是空气的 23.1 倍，绝热材料吸水后导热系数升高，降低了绝热性能，因此憎水性是隔热材料的重要指标。

42. 提高材料憎水性的方法有哪些？

通过对材料进行表面改性可以提高材料的憎水性，主要包含两种方法：结构改性和表面组成改性。

结构改性主要是仿生荷叶的表面微结构，将材料表面制备成绒毛状的微结构来实现憎水，适用于大面积膜材料和纺织材料。

表面改性主要针对无机纤维毡类，采用有机硅类憎水剂进行处理。有机硅类憎水剂机理是利用有机硅化合物与无机硅酸盐材料之间较强的化学亲和力，在材料表面枝接 C—H 憎水基团，使润湿角大于 90°，从而有效改变硅酸盐材料的表面特性，使之达到憎水效果。

43. 什么是叩解度？

叩解度，即打浆度，是指反应浆料经磨浆机后，纤维被切断、分裂、润胀和水化等磨浆作用的效果，代表符号为 °SR，表示纸浆的滤水性能。将 2g 绝干浆稀释至 1000mL，在 20℃条件下通过 80 目网，从肖氏打浆度仪测管排出的水量，即为测定结果。

叩解度是表示纸料性质的一项指标，根据纸料打浆度就能掌握纸料将来在纸机铜网上的滤水速度，同时也能大体预知将来生产纸张的机械强度、紧度和可整理性等，所以掌握纸料的打浆度是生产中的一种重要的技术控制办法。

叩解度间接表示纤维的长短，并不能反映纤维的直径。由于目前采用的离心喷吹法和火焰喷吹法都是通过高温高速火焰将玻璃纤维吹丝拉伸，一次纤维粗而长，二次纤维细而短，因此只要能反映长短，就能间接反映细度。叩解度越大，表示纤维越短，反应在玻璃棉上，直径就越细。

44. 什么是玻璃棉芯材面密度？

芯材面密度是指单位面积的芯材质量，单位为 g/m^2。玻璃纤维芯材的形成实际上是厚度方向纤维的堆积，面密度是反应纤维堆积量的重要指标。面密度越大，厚度方向纤维堆积得越多，在集棉机负压作用下，纤维排布越杂乱，棉毡中纤维的平均排向角越小。相反，面密度越小，棉毡中纤维的排向角越大，固相热传导行程越大，越有利于制备低导热系数的真空绝热板。

45. 真空绝热板及其衍生板有哪几类？

（1）玻璃纤维布覆盖住铝塑膜的 STP 板；

（2）铝扣板与真空绝热板复合的铝扣保温装饰一体板；

（3）将贴面装饰材料与真空绝热板复合、加工的半包式贴面保温装饰一体板；

（4）将贴面装饰材料与真空绝热板复合、聚氨酯泡沫或硬质板材包围住其余五个面的全包式贴面保温装饰一体板；

（5）用水泥砂浆包覆真空绝热板的水泥保温装饰一体板；

（6）聚氨酯包覆真空绝热板的冷库用保温装饰一体板；

（7）将无机涂料与真空绝热板涂装结合，解决内墙保温发霉、凝露问题的耐湿保温装饰一体板。

46. 什么是真空绝热板保模一体板？

保模一体板由内侧加强层、保温层、粘结层、不燃保温过渡层、外侧加强层经工厂化制作复合而成，在现浇混凝土工程施工中起免拆外模板作用和保温隔热作用。以真空绝热板作为保温层制备的保模一体板就是真空绝热板保模一体板。

加强层可以是硅酸钙板，经过复合后，整体具有较低的导热系数和较高的强度，可用于外墙、内墙、楼顶等的保温。

47. 真空绝热板保模一体板预留孔洞的作用是什么？锚栓常用什么材料？

保模一体板中间预留有孔洞，是为了避免后期施工对真空绝热板造成破坏，影响其保温性能，两层高强度的硅酸钙板对真空绝热板起到了良好的保护作用。施工时，为了有效避免冷热桥的形成，采用高强塑料空心锚栓，将空心的高强塑料锚栓穿插在预留的孔洞中。支模时，将固定模板的对拉螺栓穿套在高强空心塑料锚栓中，另一端穿过内模板，并用螺母固定在内模板的外侧。混凝土浇筑完成时，拆掉内模板及对拉螺栓，高强塑料空心锚栓作为保模一体板与混凝土墙体的连接件被埋置在混凝土墙体之中。

48. 真空保温装饰一体板与传统一体板相比有哪些优势？

真空绝热板具有导热系数低、保温性好、质量轻等诸多优点，但力学性能差且表面易破损等缺陷是影响其在建筑行业广泛使用的一大瓶颈问题。将装饰层面的轻瓷与真空绝热板结合成保温装饰一体板，与传统的同类竞品相比，其具有更加卓越的性能优势：

（1）取代传统铝板幕墙，具有防火、节能、经济的优势；取代传统石材幕墙，具有质量轻、节能、经济的优势；

（2）取代传统保温瓷砖组合，具有防火、节约耕地、降低能耗、避免高空坠落风险、色彩更加丰富、长期装饰性更好等优势；

（3）取代传统保温涂料组合，具有防火、安装便捷、批次质量稳定、质量工期不受天气等环境影响、更新方便等优势，被广泛应用于外墙、室内、地铁、隧道、实验室、医院隔断等领域。

（4）使用《建筑涂料用乳液》（GB/T 20623—2006）中的有机乳液将装饰层面与真空绝热板相结合成的保温装饰一体板可以实现集多个功能为一体，通过一次施工实现对建筑进行装饰以及保温的作用。此外，施工的工期也比传统保温技术短很多，因此在很大程度上降低了施工的费用。

49. 常见的建筑用保温材料有哪些？

目前，建筑上广泛应用的绝热保温材料按材质分可分为无机绝热材料、有机绝热材料和金属绝热材料三大类；按形态可分为纤维状、微孔状、气泡状、膏

（浆）状、粒状、板状和块状等。

我国建筑工程中应用比较广泛的纤维状绝热材料有岩矿棉、玻璃棉、硅酸铝棉及其制品，以及以木纤维、各种植物秸秆、废纸等有机纤维为原料制成的纤维板材；多孔状绝热材料如膨胀珍珠岩、膨胀蛭石、微孔硅酸钙、泡沫玻璃以及加气混凝土等；泡沫塑料类如聚苯乙烯、聚氨酯、聚氯乙烯、聚乙烯以及酚醛、脲醛泡沫塑料等；层状绝热材料如铝箔、各种类型的金属或非金属镀膜玻璃及以各种织物等为基材制成的镀膜制品。

50. 真空绝热板与常规建筑保温材料相比有哪些优点？

与常规保温材料相比，真空绝热板具有防火等级为 A 级和导热系数低的优点，真空绝热板的导热系数可低至 2mW/(m·K)，相当于常规聚苯板的 1/5，挤塑板和发泡聚氨酯的 1/4，胶粉聚苯颗粒、保温砂浆、玻化微珠、发泡水泥等浆体类材料的 1/10～1/5，且没有 ODS 污染。用真空绝热板做成的外墙外保温系统，施工简单，粘锚结合，其粘结力较强，不易出现空鼓，且外墙外保温系统厚度降低 60%。不同保温材料中，真空绝热板所需厚度最小即可达到相同热阻，采用真空绝热板作为保温材料可以节约更多的建筑空间。将其用在新建建筑外墙上，可提高得房率 3%～5%，用于老旧建筑节能改造，可相对降低容积率，不影响原有的楼间距离。表 1-3 给出了不同保温材料性能对比。

表 1-3　不同保温材料性能对比

保温材料	密度/(kg/m³)	导热系数/[mW/(m·K)]	防火等级
聚氨酯泡沫塑料（PU）	30～80	20～27	B
挤塑板（XPS）	20～80	25～35	B
膨胀聚苯板（EPS）	18～50	29～41	B
岩棉	30～180	33～45	A
玻璃棉	13～100	30～45	A
珍珠岩板	≤255	30～70	A
硅钙板	170～240	20～60	A
发泡水泥	180～250	60～80	A
气凝胶板	40～150	15～20	A
真空绝热板	150～350	1.86～8	A

51. 真空绝热板与传统保温材料相比达到同样保温效果所需厚度是多少？

各种隔热材料达到一定保温效果所需厚度见表 1-4。

表 1-4　各种隔热材料达到一定保温效果所需厚度

隔热材料	导热系数/ [W/(m·K)]	传热系数达到 0.13W/(m²·K) 所需的隔热材料厚度/m
普通混凝土	2.10	15.80
机制砖	0.80	6.02
泡沫混凝土	0.11	0.83
膨胀聚苯板（EPS）	0.04	0.30
聚氨酯泡沫塑料（PU）	0.025	0.188
真空绝热板	<0.008	0.06～0.08

52. 真空绝热板的性价比如何？

（1）对于一般 10mm 厚度的真空绝热板，对外销售价 130～140 元/m²，每增加 1mm 厚度需要再加 5 元。采用真空绝热板后，节能效应比传统材料提高 100%～300%，10～15 年后即可通过节能收回成本。

（2）真空绝热板的社会效益在于大幅度缩短空调制冷制热时间（冷风、热风长时间吹会使人感冒），从而避免损害人的健康。

（3）使用真空绝热板后，得房率可增加 3%～5%。增加的面积市值已超过了真空绝热板的成本。

53. 真空绝热板经历了怎样的发展历程？

从 1882 年英国科学家 James Dewar 发明杜瓦瓶开始，真空绝热技术的发展至今已经经历了一个多世纪，人们对于传热机理的深层次研究也已深入到分子水平。因而，真空绝热板技术在前人研究成果的基础上也取得了很大的进步，包括芯材、阻气层及生产过程各环节的控制与提高。

真空绝热板是 20 世纪 50 年代发明的。早期的真空绝热板采用的芯材主要是粉状材料或纤维材料，如珠光粉、粉状二氧化硅、粉状碳酸钙、活性炭、玻璃纤维等。粉状二氧化硅芯材真空绝热板隔热性能好、寿命长、综合性能较佳、技术成熟，至今仍在生产和使用。其主要用于航空航天、医用保温箱等，也用于民用制冷设备，但这种真空绝热板价格高，密度较大，从而限制了其广泛使用。

1959 年，H. M. Strong，F. P. Bundy 和 H. P. Bovenkerk 在 Flat Panel Vacuum Thermal Insulation 的专利中公开了由合适尺寸和取向的玻璃棉制成的玻璃棉毡作为填充物的真空绝热板，这种板不但可承受一个大气压，而且导热系数也低于当时的标准，因此被应用到液氮的存放器皿中。

20 世纪 70 年代，真空绝热板的概念首先由美国 NASA 提出，其设计的产品是以气相二氧化硅作为芯材，将 5cm 厚的绝热板应用于标准 15cm 厚的墙体上，达到 R-70 的热阻值。随后在人们发现冰箱用氟利昂对大气中臭氧层有消耗作用后，冰箱节能技术的需求极大地促进了真空绝热板的研究和开发。1994 年，ICI 公司首先推出以开孔硬质聚氨酯泡沫为芯材的真空绝热板。1999 年，美国陶氏化学推出以泡孔 $20\mu m$ 左右的开孔聚苯乙烯泡沫为芯材的真空绝热板。这些以有机泡沫为芯材的真空绝热板密度小，价格较低，在医用保温箱、冰箱、冷冻箱和船用冷藏器材等领域得到大量应用。

21 世纪以来，以福建赛特新材股份有限公司为代表的部分中国企业开发出玻璃纤维短切丝芯材真空绝热板，初始导热系数可低至 1.5mW/（m·K），但需要大量吸气剂才能维持 5 年以上寿命。

2010 年以来，南京航空航天大学研发成功超细离心玻璃棉芯材真空绝热板，并在原苏州维艾普新材料有限公司产业化，初始导热系数低至 1.5mW/（m·K），在无吸气剂时寿命可达 15 年，在吸气剂条件下，寿命可达 50 年以上，成为日本和韩国白色家电企业采购的首选产品。

2013 年 9 月，在瑞士举办的第十一届国际真空绝热材料会议上，南京航空航天大学代表中国获得第十二届国际真空绝热材料会议举办权。

2015 年 9 月，第十二届国际真空绝热材料会议在南京航空航天大学科学馆举行，全面展示了中国真空绝热板的技术和发展现状，从此奠定了中国成为真空绝热板生产大国的地位。

2020 年 5 月，《真空绝热板》（GB/T 37608—2019）开始实施，该标准对真空绝热板的适用范围、外观、尺寸偏差、翘曲、对角线差和导热系数等物理性能进行了规定，还提出了真空绝热板有效导热系数和使用寿命的概念，并给出了测试方法，将有力地指导我国真空绝热板产业的发展和壮大。

54. 真空绝热板的发展经历了哪四个阶段？

（1）起源阶段：20 世纪 50 年代

20 世纪 50 年代，国外市场上开始出现一种真空微粒保温技术，被称为"Vacuum Powder Insulation"，英文缩写为 VPI，也就是真空绝热板的原型。但由于生产技术的限制，VPI 当时的制作成本很高，且抽真空之后的微粒芯材密度大，VPI 的应用范围十分有限。

（2）快速提升阶段：20 世纪 70～90 年代

20 世纪 70～90 年代，工业革命带来的环境问题日益突出，以美国为首的发达国家开始注重环境保护问题，有力地推动了不含氯氟碳化物的真空绝热板技术的研究和开发，出现了粉体、泡沫、气相二氧化硅等多样化芯材，真空绝热板产品的隔热性能也得到逐步提升，开始在冷链系统得到广泛应用。芯材的多样化树立了真空绝热板作为新一代节能保温产品的标志形象，引领了超级保温绝热材料的革命性发展。

（3）稳步发展阶段：21 世纪前 10 年

进入工业化和信息化大发展的 21 世纪，人类面临的能源危机和环境问题日益严峻，以冷链和建筑为首的节能保温市场对真空绝热板的需求大幅度增长，真空绝热板技术得到了越来越多的关注，各大企业、研发机构对真空绝热板的投入力度和研究深度不断加大，真空绝热板的生产技术日臻完善，逐步迈向产业化发展阶段。但真空绝热板的总体价格较高，在绝热材料市场的整体规模尚小。

（4）异军突起阶段：2010 年以来

因粉体芯材难于成型，传统的真空绝热板以平板状为主，但实际生活中某些特定的领域需要异形保温材料，如建筑窗台、阴阳角、拱形屋面及冰箱冷凝管的凹槽、压缩机管道等就需要制备出 L 形、弧形、带孔、有凹坑或压槽等特殊形状的真空绝热板。超细离心玻璃棉芯材可折可弯，可先制备出特殊形状的芯材再经由抽真空、热封，从而制备出有弧形、表面带压槽、凹坑和透气锚固孔等的异形真空绝热板，满足了现实需求。异形真空绝热板的出现是大势所趋，不仅大幅度提高了真空绝热板的使用灵活性，使其适用于更多的应用领域，而且大大拓宽了真空绝热板产品的目标市场，促进了真空绝热板的产业化。

第 2 章　真空绝热板相关理论

55. 什么是热桥和冷桥？

"热桥"和"冷桥"经常作为一对概念被同时提出，是南北方对同一事物现象的不同叫法，北方一般称为冷桥，南方一般称为热桥，可以理解为热量传递的快速通道。这样的通道既可以指室外温度高于室内温度时热量由室外向室内传递的通道，也可以指室外温度低于室内温度时热量由室内向室外传递的通道。

冷热桥主要是指在建筑物外围护结构与外界进行热量传导时，由于围护结构中某些部位的传热系数明显大于其他部位，使得热量集中地从这些部位快速传递，从而增大了建筑物的空调采暖负荷及能耗。常见的钢筋混凝土的过梁圈梁（矩形截面，未做保温处理）在冬季室内出现结露结霜现象，人们称之为冷桥。

热桥往往存在于内外墙的交界处、构造柱、框架梁、门窗洞等部位。这些部位一般都含有一些金属结构，而金属是热的良导体，因此加剧了传热，降低了保温效果。由于热桥与外界导通，寒冬期间，内表面温度较低，若温度低于室内空气的露点温度，水蒸气就会凝结在表面，形成结露。这样的潮湿表面很容易长菌发霉，热桥严重的部位，在寒冬时甚至会淌水，对生活和健康影响很大。

56. 真空绝热板的热桥是什么？

真空绝热板的热桥是指金属铝层和热封边的热传导。真空绝热板采用铝塑薄膜真空封装，其中铝的导热系数高达 $204W/(m \cdot K)$，因此当一个平面点受热后，热量迅速沿真空绝热板的铝层向边缘传导，然后再通过热封边向下层传导。为了降低真空绝热板的热桥，以色列哈尼塔公司采用三层镀铝膜（每层厚度 $100nm$）代替铝箔（每层厚度约 $7\mu m$），显著减少了热量的传输和热桥。日本可乐丽公司采用乙烯-乙烯醇共聚物膜 EVOH 代替金属铝，其导热系数仅为 $0.35W/(m \cdot K)$，大幅度降低了热桥效应。

57. 真空绝热板边缘热桥效应的形成原因是什么？

（1）单个真空绝热板的热桥形成原因：真空绝热板的芯材热导率很低，但组成真空绝热板的阻隔薄膜热导率较高，通常与芯材热导率相差两个数量级。因此，热量可不经过板内部真空传递转而沿板面经边缘阻隔膜从热端向冷端传递，形成热桥。

（2）多块真空绝热板间的热桥形成原因：两块或多块真空绝热板在组装过程中，无法保证所有的真空绝热板收缩程度一致，导致真空绝热板连接处会因接触不紧密而形成气隙，这样就会使热量绕过真空绝热板从板间的气隙中传递，形成热桥。

（3）安装过程热桥形成原因：真空绝热板在安装过程中，如果外墙板结构不合理，安装不当，很容易出现机械损伤，造成热流损失，形成热桥。

58. 边缘热桥效应的影响因素有哪些？

（1）表面阻隔膜的选材及厚度；

（2）内部芯材的热导率及厚度；

（3）真空绝热板的大小及厚度；

（4）真空绝热板的热封边界及热封形式。

59. 减少热桥效应的措施有哪些？

真空绝热板阻隔膜中的铝箔导热系数可达 $200W/(m \cdot K)$，而内部玻璃棉芯材的导热系数只有 $0.04W/(m \cdot K)$，以铝箔为表层，部分热量可能不经过内部芯材而是沿着阻隔膜经由板与板的搭接处，由热端向冷端传递，形成热桥，增加真空绝热板的整体热导率。

减少热桥效应的措施如下：

（1）减小金属层的厚度，选择纳米级镀铝膜代替微米级铝箔作为阻隔膜；

（2）适当增大真空绝热板的外形尺寸；

（3）优化真空绝热板的热封边界结构，减少热封边界的宽度；

（4）以背封代替侧封；

（5）提高封装技术水平，提高真空绝热板的侧面平整度，减小真空绝热板间的气隙间距，选用绝热性能良好的保温材料填充该间隙；

（6）选择合理的安装方式，提高安装工人的技能和业务熟练程度，避免对真空绝热板造成机械损伤。

60. 我国是否有近零能耗建筑标准？

2019 年 9 月 1 日起，国家标准《近零能耗建筑技术标准》（GB/T 51350—2019）正式实施。该标准由中国建筑科学研究院有限公司和河北省建筑科学研究院有限公司会同 46 家科研、设计、产品部品制造单位的 59 位专家联合研究编制完成。该标准在国际上首次通过国家标准形式对近零能耗建筑相关定义进行了明确规定，在近零能耗建筑领域建立了符合中国国情的技术体系，提出了中国解决方案。

61. 什么是绿色建筑？

绿色建筑是指在建筑的全寿命周期内，最大限度地节能、节地、节水、节材，保护环境并减少污染，为人们提供健康、实用和高效的使用空间并与自然和谐共生的建筑。

"绿色建筑"中所谓的"绿色"，并不是指一般意义的立体绿化、屋顶花园，而是代表一种概念或象征，指建筑对环境无害，能充分利用自然资源环境，并且在不破坏环境基本生态平衡条件下建造的一种建筑，又可称为可持续发展建筑、生态建筑、回归大自然建筑、节能环保建筑等。

绿色建筑的基本内涵可归纳为：减轻建筑对环境的负荷，即节约能源及资源；提供安全、健康、舒适的生活空间；与自然环境亲和，做到人及建筑与环境的和谐共处、永续发展。

绿色建筑设计理念包括以下几个方面：

（1）节约能源：充分利用太阳能，采用节能的建筑围护结构以及采暖和空调，减少采暖和空调的使用。根据自然通风的原理设置风冷系统，使建筑能够有效地利用夏季的主导风向。建筑采用适应当地气候条件的平面形式及总体布局。

（2）节约资源：在建筑设计、建造和建筑材料的选择中，均考虑资源的合理使用和处置。减少资源的使用，力求使资源可再生利用。节约水资源，包括绿化的节约用水。

（3）回归自然：绿色建筑外部强调与周边环境相融合，和谐一致，动静互补，做到保护自然生态环境。

（4）舒适和健康的生活环境：建筑内部不使用对人体有害的建筑材料和装修材料。室内空气清新，温度、湿度适当，使居住者感觉良好，身心健康。

随着全球气候的变暖，世界各国对建筑节能的关注程度日益增加。人们越来越认识到，建筑能源所产生的 CO_2 已成为气候变暖的主要来源，节能建筑成为建筑发展的必然趋势，绿色建筑也应运而生。

62. 什么是被动式建筑？

被动式建筑主要是指不依赖于自身耗能的建筑设备，完全通过建筑自身的空间形式、围护结构、建筑材料与构造的设计实现建筑节能。例如利用遮阳、墙体隔热、地下热力等设计，维持北方寒冷地区的室内温度。

63. 什么是近零能耗建筑？

《近零能耗建筑技术标准》（GB/T 51350—2019）规定，近零能耗建筑的建筑能耗水平应较国家标准《公共建筑节能设计标准》（GB/T 50189—2015）和行业标准《严寒和寒冷地区居住建筑节能设计标准》（JGJ 26—2018）、《夏热冬冷地区居住建筑节能设计标准》（JGJ 134—2010）、《夏热冬暖地区居住建筑节能设计标准》（JGJ 75—2012）降低 60%～70%。

64. 什么是超低能耗建筑？

《近零能耗建筑技术标准》（GB/T 51350—2019）规定，超低能耗建筑是近零能耗建筑的初级表现形式，其室内环境参数与近零能耗建筑相同，能效指标略低于近零能耗建筑，其建筑能耗水平应较国家标准《公共建筑节能设计标准》（GB/T 50189—2015）和行业标准《严寒和寒冷地区居住建筑节能设计标准》（JGJ 26—2018）、《夏热冬冷地区居住建筑节能设计标准》（JGJ 134—2010）、《夏热冬暖地区居住建筑节能设计标准》（JGJ 75—2012）降低 50%以上。

65. 什么是零能耗建筑？

《近零能耗建筑技术标准》（GB/T 51350—2019）规定，零能耗建筑是近零能耗建筑的高级表现形式，其室内环境参数与近零能耗建筑相同，充分利用建筑本体和周边的可再生能源资源，使可再生能源年产能大于或等于建筑全年全部用能的建筑。

66. 国际上权威的零能耗建筑在哪里？

位于慕尼黑中心的真空绝热板样板建筑，使用面积约 1200m²，拥有 6 个楼层，2 个车库。作为真空绝热板领域的一个典型工程案例，该建筑为混凝土结构，用压缩回收的 PUR 板条以间隔 500mm 的距离浇筑而成，采用真空绝热板进行外部隔热。在混凝土和 PUR 外部放置了防潮层板条，将 20mm 厚的真空绝热板放置在板条之间，并用 80mm 厚的 PUR 和石膏覆盖，结构图如 2-1 所示。

图 2-2 为该建筑的热成像。在夜晚的照片中，可以看到无窗户一侧的墙面颜色与树叶树枝的颜色融为一体，表明已经完全把室内的热隔绝，墙体发热甚至低于树干的发热，只是在窗户边框可看到热量泄漏。窗户与墙体的对比，可以确定

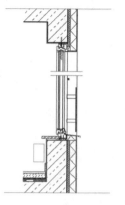

图 2-1　德国慕尼黑零能耗建筑大楼

地说明，采用了真空绝热板的墙体具有完全阻断热量传递的能力。跟踪检测结果显示，该建筑每平方米一年的平均用电量仅为 22kW·h，能耗仅为慕尼黑城市平均能耗的十分之一，真空绝热板的超薄特性为室内增加了 10％的可用空间。该节能建筑获得 2005 年波菲斯克奖、2006 年巴伐利亚节能奖以及 2009 年建筑节能奖，堪称节能技术的奇迹。

图 2-2　德国慕尼黑零能耗建筑热成像

67. 什么是热岛效应？

热岛效应是指因大量的人工发热、建筑物和道路等高蓄热体及绿地减少因素，造成城市"高温化"，城市中的气温明显高于外围郊区的现象。用两个代表性测点的气温差值，即热岛强度表示。

68. 热传递的方式有哪些?

热能的传递有三种基本方式,分别是热传导、热对流与热辐射。

热传导是指物体各部分之间不发生相对位移时,依靠分子、原子及自由电子等微观粒子的热运动而产生的热能传递,简称导热。

热对流是指由于流体的宏观运动而引起的流体各部分之间发生相对位移,冷、热流体相互掺混所导致的热量传递过程。热对流仅能发生在流体中,而且由于流体中的分子同时在进行着不规则的热运动,因而热对流必然伴随有热传导现象。

热辐射是指物体因热的原因而发出辐射能的现象。自然界中各个物体都持续向空间发出热辐射,同时又不断地吸收其他物体发出的热辐射。辐射与吸收过程的综合结果就造成了以辐射方式进行的物体间的热量传递,也常称为辐射换热。当物体与周围环境处于热平衡时,辐射传热量等于零,但这是动态平衡,辐射与吸收过程仍在持续进行。

69. 什么是黑体辐射?

黑体辐射指处于热力学平衡态的黑体发出的电磁辐射,是光和物质达到平衡所表现出的现象。在黑体辐射中,辐射出去的电磁波在各个波段不同,具有一定的谱分布。黑体辐射能量按波长的分布仅与物体本身的性质及其温度有关,因而也被称之为热辐射。

70. 热辐射传递能量的方式有哪些特点?

(1)热辐射的能量传递不需要其他介质存在,而且在真空中的传递效率最高;

(2)物体在发射与吸收辐射能量的过程中发生了电磁能与热能两种能量形式之间的转换。

71. 多孔材料的隔热原理是什么?

固体材料导热能力仅与材料本身固有的导热系数以及材料的密度有关。密度越低,导热系数越小。通常采用在隔热材料中预置大量孔隙的方法以降低密度。

当材料中孔隙的平均直径为 5 ～ 10nm(空气分子的平均自由程为 70nm 左右)时,空气几乎无法流动,从而抑制了空气的对流导热,符合克努森效应,因此,孔隙越小越好。

此外，由于大量微小孔洞的存在，材料具有无限多的孔壁，这些孔壁均可视为辐射的反射面和折射面。1cm 厚度的玻璃棉芯材中就含有成百上千层的反射面和折射面，很好地阻隔了辐射传热。因此，孔隙尺寸越小、数量越多，就越有利于隔热。

72. 导热系数的概念是什么？

导热系数是指在稳定传热条件下，1m 厚的材料两侧表面的温差为 1 度（K 或℃），在 1h 内，通过 1m² 面积传递的热量，用 λ 表示，单位为瓦每米开［W/（m·K）］（此处的 K 可用℃代替）。

73. 传热系数的概念是什么？

传热系数也称为总传热系数，是指在稳定传热条件下，围护结构两侧空气温差为 1 度（K 或℃），1h 内通过 1m² 面积传递的热量，用 κ 表示，单位为瓦每平方米开［W/（m²·K）］（此处 K 可用℃代替）。

74. 热阻的概念是什么？

热阻是指当有热量在物体上传输时，物体两端温度差与热源的功率之间的比值，可以理解为热量在热流路径上遇到的阻力。热阻反映了介质或介质间的传热能力的大小，表示 1W 热量所引起的温升大小。

热阻单位为 K/W 或℃/W。

75. 热阻抗的概念是什么？

热阻抗是材料热阻和所有接触热阻的总和。材料表面粗糙度、表面平整度、夹紧压力、黏合剂及其均匀性、材料厚度等因素对材料的热阻抗都有很大的影响。两个材料表面往往不是完全的平整，粗糙的对接面夹持的空气，降低了两个材料之间的热传导，导致热阻抗变大。

热阻抗表示材料单位面积上的总热阻，单位为平方米开每瓦（m²·K/W）。

76. 接触热阻的概念是什么？

通常认为在两个名义上互相接触的固体表面两侧的温度是相等的，即假定两层壁面之间保持了良好的接触。而在工程实际中，由于任何两个固体表面之间的接触都不可能是绝对紧密的，此时接触面两侧存在温度差。在这种情况下，两壁面之间只有接触的地方才直接导热，在不接触处存在空隙，热量是通过充满空隙的流体以导热、对流和辐射的方式传递的，因而存在传热阻力，称为接触热阻。

接触热阻的单位为平方米开每瓦（$m^2 \cdot K/W$）。

77. 影响接触热阻的因素有哪些?

影响接触热阻主要有三个因素，分别是接触面粗糙度、接触表面硬度和接触表面压力。

（1）粗糙度越高，接触热阻越大；

（2）在其他条件相同的情况下，两个比较坚硬的表面之间接触面积较小，因此接触热阻较大，而两个硬度较小或者一个硬一个软的表面之间接触面积较大，因此接触热阻较小；

（3）加大压力会使两个物体直接接触的面积加大，中间空隙变小，接触热阻也就随之减小。

78. 怎样降低接触热阻?

工程上，为了减小接触热阻，通常采取以下方法：

（1）抛光接触表面，降低材料表面粗糙度；

（2）加大接触压力，增加接触面积；

（3）在接触表面之间加一层热导率大、硬度又很低的纯铜箔或银箔，或在接触面涂上一层导热油脂（导热硅脂），在一定压力下，可将接触空隙中的气体排走，显著减小导热热阻。

79. 蓄热系数的概念是什么?

当某一足够厚的单一材料层一侧受到谐波热作用时，表面温度将按同一周期波动，通过表面的热流波幅与表面温度波幅的比值即为蓄热系数，是材料在周期性热作用下得出的一个热物理量。对于一个有一定厚度的均质材料层来说，如果空气温度作周期性波动，那么，材料层表面的温度和热流也随之作同样的周期性波动，此时，用表面上的热流波幅与表面温度波幅之比表示材料蓄热能力，称为材料的蓄热系数。通俗而言，蓄热系数就是材料储存热量的能力，与材料的密度、比热容、导热系数和热流波动周期有关。

蓄热系数的单位为 $W/(m^2 \cdot K)$。

材料的蓄热系数可通过计算确定，或从《民用建筑热工设计规范》（GB/T 50176—2016）中附录四的附表 4.1 中查取。

表面蓄热系数是指物体表面温度升高或降低 1K 时，在 1h 内，$1m^2$ 表面积储存或释放的热量。

80. 绝热罐体采用哪三种绝热方式？

（1）高真空多层绝热是在罐体的夹层空间内设置多层交替组合的间隔材料和反射屏，并抽至高真空所形成的绝热方式。外太空飞船均采用这种隔热方式。

（2）真空粉末绝热是在罐体的夹层空间内充填多孔微粒绝热材料，然后抽真空所形成的绝热方式。

（3）真空复合绝热是在罐体夹层空间内除设置高真空多层绝热材料外，还局部充填超细玻璃纤维绝热材料，并抽至高真空所形成的绝热方式。

81. 什么是热惰性指标？

热惰性指标是表征围护结构反抗温度波动和热流波动能力的无量纲指标，其值等于材料层热阻与蓄热系数的乘积。热惰性指标 D 值，单层结构 $D=RS$，多层结构 $D=\Sigma RS$，式中 R 为结构层的热阻，S 为相应材料层的蓄热系数。D 值愈大，周期性温度波在其内部的衰减越快，围护结构的热稳定性越好。

82. 比热容的概念是什么？

比热容是指 1kg 物质在没有相变化和化学变化时，温度升高 1℃（或 1K）吸收或放出的热量 [kJ/(kg·K)]。

83. 热流量的概念是什么？

热流量是当一定面积的物体两侧存在温差时，单位时间内由导热、对流、辐射方式通过该物体所传递的热量。通过物体的热流量与两侧温度差成正比，与厚度成反比，并与材料的导热性能有关。单位面积的热流量为热流通量。稳态导热通过物体的热流通量不随时间改变，其内部不存在热量的蓄积；不稳态导热通过物体的热流通量与内部温度分布随时间而变化。

热流量单位为瓦特（W）。

热流量可以理解为热量的变化率：

$$\Phi = \lambda A \Delta T / \Delta X \tag{2-1}$$

式中　λ——导热系数，单位为 W/(m·K)；

　　　A——物体的表面积，单位为 m²；

　　　ΔT——物体两侧的温差，单位为℃；

ΔX——物体的厚度，单位为 m。

84. 采暖度日数、空调度日数和典型气象年分别是指什么?

采暖度日数、空调度日数和典型气象年是《居住建筑节能设计标准》(GB/T 50176—2016) 中的节能设计指标。

采暖度日数 (HDD18): 一年中，当某天室外日平均温度低于 18℃时，将低于 18℃的度数乘以 1d，并将此乘积累加。采暖度日数越大，表示该地区越寒冷。

空调度日数 (CDD26): 一年中，当某天室外日平均温度高于 26℃时，将高于 26℃的度数乘以 1d，并将此乘积累加。空调度日数越大，表示该地区越炎热。

典型气象年 (TMY): 以近 30 年的月平均温度为依据，从近 10 年的资料中选取一年各月接近 30 年的平均温度作为典型气象年。由于选取的月平均温度在不同的年份资料不连续，还需要进行月间平滑处理。

85. 匀质制品与非匀质制品之间的区别是什么?

匀质制品是由单一材料组成的致密及多孔制品，或是多种材料均匀混合后，内部具有均匀密度、孔隙和组分的制品。

非匀质制品是由一种或多种主要或次要组分组成的具有宏观分界线、分界面的制品。真空绝热板由阻隔膜封闭的芯材组成，其芯材和膜材的成分、结构、密度、性能都相差较大，是一种非匀质制品。

86. 玻璃棉毡的隔热吸声机理是什么?

玻璃棉通常是在废玻璃中添加白云石、纯碱和硼砂等化工原料，在窑炉中熔成玻璃熔融液，经过离心喷吹法或火焰喷吹法形成外观类似棉花的无机非金属短纤维材料。玻璃棉毡具有成型好、体积密度低、热导率低、保温绝热、吸声性能好、耐腐蚀、化学性能稳定等优点，是一种利废环保型产品。

玻璃棉毡能够吸声的原因不是由于表面粗糙，而是因为具有大量内外连通的微小孔隙和孔洞。声波入射到玻璃棉上时，能顺着孔隙进入材料内部，引起孔隙中空气分子的振动。空气的黏滞阻力和空气分子与孔壁的摩擦，使声能转化为热能而损耗。影响玻璃棉毡吸声性能的主要因素是厚度、密度和空气流阻等。

玻璃棉丝直径越小，同样密度条件下棉毡内部的孔洞就越多，能束缚的空气单元就越多，空气振动衰减的速率就越大，棉毡的隔声隔热性能就越好。

87. 什么是真空绝热板的中心区域导热系数？

根据《真空绝热板》（GB/T 37608—2019）国家标准，中心区域导热系数是指不考虑阻气隔膜边缘影响的中心区域的表观导热系数。稳态法测定出来的导热系数即为真空绝热板的中心区域导热系数，仅考虑了从真空绝热板正面传递到背面的热量。通常，真空绝热板中心区域导热系数按照《绝热材料稳态热阻及有关特性的测定　防护热板法》（GB/T 10294—2008）和《绝热材料稳态热阻及有关特性的测定　热流计法》（GB/T 10295—2008）所规定的方法测量，单位为 W/（m·K）。

88. 什么是真空绝热板的等效导热系数？

对于具有多层结构或复杂的复合材料而言，由于每层材料厚度和种类不同，无法直接根据材料种类得到复合材料的导热系数。因此，通常将复合材料看作一个均一的整体材料，计算或测量所得到的导热系数称作复合材料的表观导热系数，也称等效导热系数。

真空绝热板在厚度方向由膜材、芯材和膜材依次构成，属于多层结构，膜材和芯材的导热系数不同。所谓等效导热系数就是指稳态法测试的真空绝热板的中心区域导热系数。

89. 真空绝热板的导热系数、中心区域导热系数、有效导热系数与等效导热系数之间的关系是什么？

通常所说的真空绝热板的导热系数是指真空绝热板的中心区域导热系数。由于真空绝热板是一种典型的混杂复合材料，通常将其导热系数也称为真空绝热板的等效导热系数。但是，由于热桥效应的存在，真空绝热板的导热由中心导热和热桥导热两部分构成，《真空绝热板》（GB/T 37608—2019）中规定的有效导热系数是指考虑了阻气隔膜边缘影响的整块真空绝热板的表观导热系数。

有效导热系数根据《真空绝热板》（GB/T 37608—2019）中的附录 C 和附录 D 进行测试和计算，可采用满足以下要求的导热系数测定仪进行测试：

（1）满足《绝热材料稳态热阻及有关特性的测定　防护热板法》（GB/T 10294—2008）的规定；

（2）采用抽真空等方式消除非计量区域的空气对流的传热影响；

（3）采用防辐射屏等方式消除非计量区域的辐射传热影响。

与已知有效导热系数试样具有相同厚度、相同阻气隔膜、相同制造工艺和相

同中心区域导热系数的其他尺寸的真空绝热板的有效导热系数（λ_{eff2}）可按下式
换算：

$$\lambda_{eff2} = \lambda_{cop1} + \frac{(a_2 + b_2)\, a_1\, b_1}{(a_1 + b_1)\, a_2\, b_2}(\lambda_{eff1} - \lambda_{cop1}) \tag{2-2}$$

式中　λ_{eff2}——其他尺寸的真空绝热板的有效导热系数，单位为 W/(m·K)；

　　　λ_{cop1}——已知有效导热系数试样的中心区域导热系数，单位为 W/(m·K)；

　　　λ_{eff1}——已知有效导热系数试样的有效导热系数，单位为 W/(m·K)；

　　　a_1——已知有效导热系数的真空绝热板的长度，单位为 m；

　　　a_2——其他尺寸的真空绝热板的长度，单位为 m；

　　　b_1——已知有效导热系数的真空绝热板的宽度，单位为 m；

　　　b_2——其他尺寸的真空绝热板的宽度，单位为 m。

90. 真空绝热板内的真空度能达到多少？

由于芯材的比表面积极大，吸附有大量气体，因此板内真空度很难达到
10^{-2} Pa。根据建筑外墙保温及真空绝热板导热系数的要求，一般达到 1Pa 即可。

对于气相二氧化硅芯材真空绝热板，真空度低于 10Pa 即可保持良好的绝热
效果；对于超细玻璃棉芯材真空绝热板，真空度低于 1Pa 即可保持良好的绝热
效果；对于短切丝芯材真空绝热板，真空度必须低于 0.1Pa 才能保持良好的绝
热效果。

91. 真空绝热板内的气压达到多少就失效了？

国际上一般认为，真空绝热板的导热系数高于静止空气导热系数的一半，即
13mW/(m·K) 时便失效。

真空绝热板初始导热系数较低，随着真空绝热板内气体的逐渐增多，其导热
系数在一定气压下保持稳定。当真空绝热板内气压高于某个临界压力时，真空绝
热板因自身导热系数急剧升高而失效。

一般而言，气相二氧化硅芯材真空绝热板的临界气压为 10000Pa，添加纤维
后气压会降低。玻纤短切丝芯材真空绝热板的临界气压为 10Pa，超细离心玻璃
棉芯材真空绝热板的临界气压为 100Pa，二者都可通过添加直径小于 1μm 的火
焰棉来调控芯材中的孔径及其分布，从而提高气压阈值。

92. 什么是传热？

传热是指由于温度差引起的能量转移，又称热传递。由热力学第二定律可

知，凡是两个物体之间有温度差存在时，热就必然从高温处传递到低温处，因此传热是自然界和工程技术领域中极普遍的一种热传递现象。

93. 传热基本方程式是什么？

传热方程式是描述传热过程的基本方程，其数学表达式如下：

$$Q = A \cdot \kappa \cdot (t_1 - t_2) \qquad (2\text{-}3)$$

式中　Q——传热功率，单位为 W；

　　　A——传热面积，单位为 m^2；

　　　κ——传热系数，单位为 $W/(m^2 \cdot K)$；

t_1 和 t_2——热面和冷面温度，单位为 K。

式（2-3）为传热方程式，也是换热器热工计算的基本公式。

94. 引入传热热阻对传热过程计算有什么意义？

传热过程主要研究热流的传递方式，而热流传递与电流传递过程类似。通过引入传热热阻，能够更加直观地将热流量、温度差和传热热阻互相对应。同时，传热热阻的引入可便于进行导热系数等物理量的计算。

95. 真空绝热板内热量的传递方式是什么？

真空绝热板内的热量传递也服从传热基本规律，传热方式包括热传导、热对流和热辐射三种方式。由于阻隔膜中光亮铝箔存在，热量传递过程中部分热量会被直接反射出去，通过阻隔膜传递的热量在芯材中的传递主要以热传导为主，热辐射为辅。由于真空度极高，气相极为稀薄，气相传热主要是气体和阻隔膜以及气体和纤维之间传热，热对流过程几乎不发生，因而热对流几乎不参与传热过程。

96. 研究气体传热理论对真空绝热板有什么意义？

内部高真空度是真空绝热板具有超低导热系数的根本原因，随着真空绝热板内气压升高，真空度降低，真空绝热板内的气相热传导增加，从而导致导热系数增加，绝热性能降低。因此，研究气体传热理论对于真空绝热板的工程开发和应用具有理论指导意义。

97. 真空绝热板的有效导热系数的计算方法是什么？

《真空绝热板》（GB/T 37608—2019）的附录 D 中规定了真空绝热板的线传

导热系数测试方法和有效导热系数计算方法，其计算公式如下：

$$\varphi_{\text{edge}} = \frac{1}{1 + \lambda_c / \alpha_1 d + \lambda_c / \alpha_2 d}$$

$$\left[\frac{\alpha_1 (N_2^2 - B)}{d(N_1^2 N_2^2 - B^2) - K_1 \sqrt{N_1^2 N_2^2 - B^2} \left(\frac{2B}{\sqrt{D}} + 1 \right) - K_2 \sqrt{N_1^2 N_2^2 - B^2} \left(1 - \frac{2B}{\sqrt{D}} \right)} \right]$$

$$(2-4)$$

式中　φ_{edge}——真空绝热板的线传热系数，单位为 W/(m·K)；

　　　λ_c——真空绝热板中心区域导热系数，单位为 W/(m·K)；

　　　α_1——真空绝热板热面对流换热系数，单位为 W/(m²·K)；

　　　d——真空绝热板的厚度，单位为 m；

　　　α_2——真空绝热板冷面对流换热系数，单位为 W/(m²·K)。

$$N_1 = \sqrt{\frac{\alpha_1}{t_f \lambda_f} + \frac{\lambda_c}{t_f \lambda_f d}} \qquad (2-5)$$

$$N_2 = \sqrt{\frac{\alpha_2}{t_f \lambda_f} + \frac{\lambda_c}{t_f \lambda_f d}} \qquad (2-6)$$

$$B = \frac{\lambda_c}{t_f \lambda_f d} \qquad (2-7)$$

$$D = (N_1^2 - N_2^2)^2 + 4 B^2 \qquad (2-8)$$

$$K_1 = -\sqrt{\frac{N_1^2 + N_2^2 - \sqrt{(N_1^2 - N_2^2)^2 + 4 B^2}}{2}} \qquad (2-9)$$

$$K_2 = -\sqrt{\frac{N_1^2 + N_2^2 + \sqrt{(N_1^2 - N_2^2)^2 + 4 B^2}}{2}} \qquad (2-10)$$

式中　λ_f——平行于阻气隔膜方向的膜的表观导热系数，单位为 W/(m·K)；

　　　t_f——阻气隔膜的厚度，单位为 m。

$$U_{\text{eff}} = U_{\text{cop}} + \frac{l_p}{s_p} \varphi_{\text{edge}} \qquad (2-11)$$

式中　U_{eff}——真空绝热板的传热系数，单位为 W/(m²·K)；

　　　U_{cop}——真空绝热板中心区域传热系数，单位为 W/(m²·K)；

　　　l_p——真空绝热板周长，单位为 m；

　　　s_p——真空绝热板面积，单位为 m²。

$$U_{\text{cop}} = \left(\frac{d}{\lambda_c} + \frac{1}{\alpha_1} + \frac{1}{\alpha_2} \right)^{-1} \qquad (2-12)$$

真空绝热板的有效热阻为：

$$R_{\text{eff}} = \frac{1}{U_{\text{eff}}} - \frac{1}{\alpha_1} - \frac{1}{\alpha_2} \tag{2-13}$$

式中 R_{eff}——真空绝热板的有效热阻,单位为 $\text{m}^2 \cdot \text{K}/\text{W}$。

真空绝热板的有效导热系数为:

$$\lambda_{\text{eff}} = \frac{d}{R_{\text{eff}}} \tag{2-14}$$

式中 λ_{eff}——真空绝热板的有效导热系数,单位为 $\text{W}/(\text{m} \cdot \text{K})$。

98. 什么是气体分子平均自由程?

自由程是指一个分子与其他分子相继两次碰撞之间经过的直线路程。对个别分子而言,自由程时长时短,但大量分子的自由程具有确定的统计规律。大量分子自由程的平均值称为平均自由程。气压越小,气体分子的平均自由程越大。

99. 真空绝热板的内压对导热系数有什么影响?

图 2-3 为不同芯材真空绝热板的导热系数与内压的关系。从图中可以看出,一方面,随着内压升高,真空绝热板的导热系数升高。另一方面,相同内压下,不同芯材真空绝热板的导热系数也有很大差别。玻璃纤维真空绝热板在高真空度下导热系数最低,但是对于内压敏感,而气相二氧化硅真空绝热板对内压的敏感度最低。

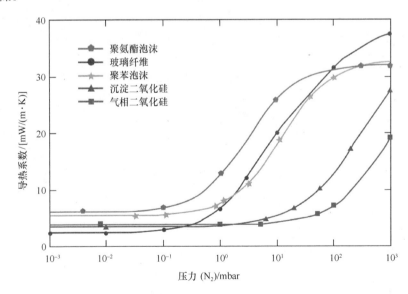

图 2-3 不同芯材真空绝热板的导热系数与内压的关系

100. 玻璃棉芯材中纤维直径对真空绝热板的导热系数有什么影响？

直径细的纤维线密度低，在同等密度条件下，纤维直径细的真空绝热板内部纤维数量和长度大于纤维直径粗的真空绝热板。热量在沿着纤维传导时，粗纤维传热效率高于细纤维。理论和实践证明，纤维直径每下降 $1\mu m$，真空绝热板导热系数下降 9%。细纤维芯材骨架中，纤维间接触点更多，热量在传导过程中被分散，延长了传导行程，增加了热阻，从而降低了固相传热。细纤维的相互交错结构形成更多的气孔，并且气孔的体积更小，在传热过程中对气流的运动起到了阻碍作用，从而降低了对流传热。

101. 真空绝热板的芯材密度是多少？

气相二氧化硅粉体芯材密度一般为 $180 \sim 220 kg/m^3$，经过真空封装后不变薄、不变形。

超细玻璃棉芯材的密度一般为 $20 \sim 60 kg/m^3$，经过真空封装后芯材厚度急剧压缩，芯材压缩前后厚度比达到 $3 \sim 7$。

102. Zeta 电位是什么？

悬浮于液体中的颗粒表面都存在电荷，这些电荷会影响颗粒周围区域的离子分布，因此每个颗粒周围都存在双电层，分别是固定层和滑动层，滑动层上的电位为 Zeta 电位（图 2-4）。Zeta 电位的大小反映胶体体系的稳定性趋势。Zeta 电

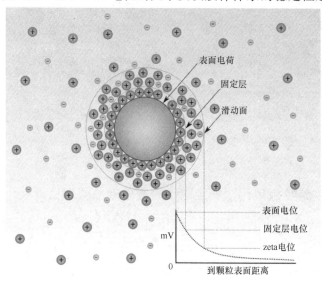

图 2-4　浆料中颗粒表面电荷分布及 Zeta 电位位置

位的值越大，悬浮液体系越稳定。悬浮液体系稳定与不稳定的分界线是 Zeta 电位±30mV，Zeta 电位大于＋30mV 或小于－30mV 的悬浮液体系是稳定的，Zeta电位在－30～＋30mV 的悬浮液体是不稳定的。

通过 Zeta 电位的测试，可以找到阻止浆料中颗粒和纤维絮凝，保持良好悬浮稳定性的配方。Zeta 电位是指剪切面的电位，又叫电动电位或电动电势（ζ电位或ζ电势），是表征胶体分散系稳定性的重要指标，是湿法打浆的重要参数，被用于表征纤维在溶液中的表面电动电势。测量 Zeta 电位的方法主要有电泳法、电渗法、流动电位法以及超声波法，其中以电泳法应用最广。实际芯材生产过程中，玻璃纤维浆料一般为酸性。浆料 pH 越低，纤维表面负电荷越多，纤维之间斥力越大，悬浮性与分散性越好，浆料越均匀。

103. 真空绝热板内气体的来源有哪些？其组成成分是什么？

图 2-5 为真空绝热板内部气体来源示意图。真空绝热板中的气体来源主要由两个部分组成，即芯材吸附气体释放和外部气体侵入。其中，芯材的气体释放主要包括水蒸气、一氧化碳、二氧化碳、氢气，外部侵入的气体主要是由于真空绝热板内外压差存在下，经由膜材表面孔隙和焊缝孔隙渗入的水蒸气、氧气、氮气、二氧化碳等。

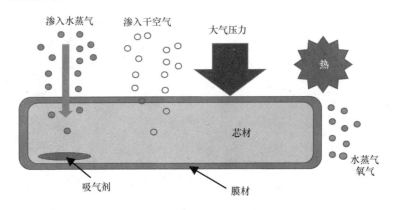

图 2-5　真空绝热板内部气体来源示意图

104. 真空绝热板表面塑料阻隔膜的气体渗透原理是什么？

真空绝热板的表面塑料阻隔膜由高分子材料制成，对气体分子能起到较好的阻隔作用，但绝非密不透气。高分子材料隔气膜主要由高分子链交织形成，而分子链因具有不停歇的热运动作用，热运动在键节产生局部波动，会产生许多分子内或分子间"空隙"。气体都有从高浓度侧向低浓度侧扩散的属性，当隔气膜两侧存在浓度差时，气体会从浓度高的一侧通过空隙扩散到浓度低的一侧。故大多数研究者认为，气体对薄膜的渗透过程是一个单分子扩散过程，属于质量传递过程，遵循气体分子对固体的渗透过程，即吸附—扩散—脱附的过程：（1）气体分子首先在阻隔膜表面发生吸附、溶解过程；（2）随后气体分子由高浓度区向低浓度区迁移扩散；（3）最后气体分子在阻隔膜另一侧发生脱附过程。

气体分子在隔气膜表面的吸附作用是由分子之间普遍存在的范德华力产生，只要有气体分子与隔气膜表面接触，就会有吸附现象发生。这种吸附现象是可逆的，若吸附后环境发生变化，被吸附的气体分子通过从周围获取能量，进而发生脱附现象。

105. 膜材水蒸气渗透速率的概念是什么？

水蒸气渗透速率是指在大气环境条件下单位面积阻隔膜每天渗透的水蒸气的量，其单位为 $cm^3/(m^2 \cdot d \cdot Pa)$。对于已知表面积、内部体积以及芯材吸水率的真空绝热板，可以根据水蒸气渗透速率计算出与真空绝热板使用寿命有关的真空板内部水蒸气分压及水蒸气量。将水蒸气渗透率从气体渗透率中单列出来讨论分析，基于以下 3 个主要原因：

（1）在常温及低温下作绝热应用时，不同于其他大气组分，水蒸气压受到相应的平衡水蒸气压的限制；

（2）水的相对分子质量低，化学结构独特，许多阻隔膜对氧气、氮气往往有较好的阻隔作用，但是对水蒸气的渗透速率较高；

（3）部分真空绝热板的芯材对水蒸气有很强的吸附作用。

106. 膜材的氧气渗透速率的概念是什么？

氧气渗透速率是指在大气环境条件下单位面积阻隔膜每天渗透的氧气量，其单位为 $cm^3/(m^2 \cdot d \cdot Pa)$。虽然氧气在空气中占的比率仅为 21%，但是氧气在许多塑料膜中的渗透速率较高，一般比氮气要高出 5 倍左右。

107. 真空绝热板在使用过程中为什么真空度会下降？

真空绝热板内真空度下降主要包含两方面的原因：（1）阻隔膜内侧热封层为高分子材料，在高真空度下会分解并释放气体，泡沫芯材中闭孔泡沫内的气体和泡沫壁中溶解的发泡剂和催化剂也会在高真空环境下逐渐释放气体；（2）由于真空绝热板阻隔膜两侧内外压力差极大，外侧气体分子渗透能高，气体分子会穿过阻隔膜进入真空绝热板内部，造成内压升高，真空度下降。

108. 潮湿芯材对真空绝热板导热系数有什么影响？

真空绝热板主要依靠阻断气相传热提升其隔热能力。潮湿芯材在负压下会持续释放水蒸气，导致真空绝热板内的自由气体含量升高，产生内部气体对流，使真空绝热板的隔热能力下降，不仅引起真空绝热板内压力持续升高，导致其导热系数升高，而且大大缩短真空绝热板的寿命。因此湿法芯材烘干至关重要，目前对于超薄芯材采用热风烘箱烘干，对于较厚芯材采用微波干燥，具有高效、节能、干净、环保等优点。

109. 怎样才能降低真空绝热板的中心区域导热系数？

根据真空绝热理论，真空绝热板的中心区域导热系数主要由两层膜材和芯材三部分组成。因此，要降低真空绝热板的导热系数，主要包括以下几种方法：（1）设计膜材组成和结构，提高铝箔光亮度，避免其氧化，增强薄膜反射能力；（2）采用 $0.1\mu m$ 厚镀铝膜代替 $7\mu m$ 厚铝箔，降低平面热传导；（3）降低玻纤芯材的纤维直径或气硅芯材的粉末粒径，使固相传热路径复杂化，提高接触热阻；（4）降低芯材密度，提高芯材孔隙率，降低平均孔径，缩小孔径分布区间；（5）在芯材中添加炭黑、碳化硅和氧化钛等遮光剂，抑制辐射传热；（6）降低真空绝热板的内压，抑制芯材的气体热对流。

110. 使玻璃纤维真空绝热板保持长久低导热特性的方法有哪些？

真空绝热板的导热系数与内压密切相关，但是二者之间并非线性关系，而是在内压升高到阈值后导热系数才会迅速上升导致隔热失效。从初始真空度达到阈值所经历的时间越长，真空绝热板保持低导热系数越久。芯材材质、芯材孔径和有无吸气剂等都会影响阈值。

使真空绝热板保持较为长久低导热特性的方法主要有以下三种：（1）采用超细玻璃纤维取代粗纤维或短切纤维，降低固相热传导；（2）采用纳米玻璃纤维与亚微米玻璃纤维级配，降低孔径尺寸；（3）使用高效吸气剂，吸收真空绝热板内释放的气体，保持真空绝热板内压稳定。

111. 影响真空绝热板绝热性能的因素有哪些？

（1）温度。一方面，根据理想气体状态方程 $PV/T=C$，在体积 V 不变的情况下，随着温度 T 升高，内压 P 上升，导热系数升高；另一方面，辐射导热系数与温度的三次方成正比，温度升高，辐射导热系数增大，从而引起真空绝热板的导热系数升高。

（2）内部气体压力。真空绝热板内部气体压力的变化对导热系数影响显著，气体压力上升主要是由于板材内部材料放气、外部空气及水蒸气通过阻隔膜渗透到板材内部等因素所致。当真空绝热板的内压力上升达到一定量级时，其有效导热系数与芯材在大气环境下的导热系数一致，此时真空绝热板失效。为了延长真空绝热板的使用寿命，必要时需要向板材内添加一定数量的吸气剂或干燥剂以阻止其内部气体压力的上升。

（3）芯材含水率。图 2-6 为不同温度下芯材含水率对粉体真空绝热板导热系数的影响。从图中可见，芯材含水率提高，导热系数提高。这是由于水汽分子在高真空条件下逐渐脱离芯材表面，进入到孔隙中，使可发生热对流的气体分子增多。但是随着内部气压的逐渐平稳，以解离为主逐渐变成解离与吸附共存的平衡态，真空绝热板的导热系数随之趋于稳定。

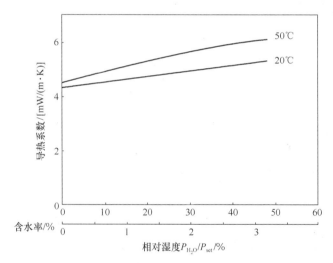

图 2-6 不同温度下含水率对粉体芯材真空绝热板导热系数的影响

（4）芯材密度。芯材密度高，则芯材中气孔率低，包陷气体少，固体传导热流强；反之，芯材中气孔率高，固体传导热流低。一般而言，用于真空绝热板的芯材在其绝热性能上都存在一个最佳密度值。

影响真空绝热板有效导热系数的因素除上述外，还有芯材面积、芯材厚度、芯材比热容、添加剂、芯材辐射特性、芯材残余气体成分及分压等。

112. 真空绝热板的导热系数有无尺寸效应？

图 2-7 为玻璃棉芯材真空绝热板导热系数与厚度的关系曲线。从图中可以看

出，随着芯材厚度的增加或真空绝热板厚度的增加，真空绝热板导热系数逐渐下降并趋于稳定。这主要是因为随着厚度的增加，边缘热桥效应逐渐稳定，芯材多层堆叠导致穿通性孔隙消除，红外辐射被大幅度抑制，从而表现为稳定的导热系数。

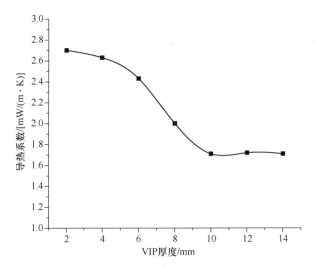

图 2-7　玻璃棉芯材真空绝热板导热系数与厚度的关系曲线

113. 真空绝热板初始导热系数随时间如何变化？

图 2-8 所示为真空绝热板初始导热系数与时间的变化关系曲线。从图中可以看出，刚制备的真空绝热板的导热系数约在 1.70mW/(m·K)，1d 后下降到

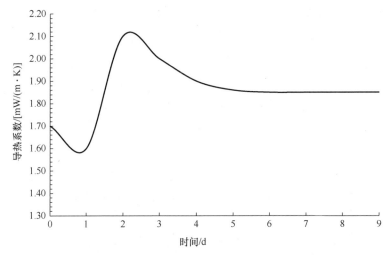

图 2-8　真空绝热板初始导热系数与时间的变化关系曲线

1.60mW/(m·K)，2d 后迅速升高到 2.10mW/(m·K)，然后缓慢下降，6d 后稳定在 1.85mW/(m·K)。该变化趋势是由于抽真空时间短，芯材中的气体并非绝对完全抽除，还有一部分吸附在芯材表面。当封装结束后，芯材表面吸附的气体开始解吸，重新建立平衡。基于真空绝热板初始导热系数随放置天数的变化情况，一般应把产品在仓库老化 7d 后再进行导热系数检测，经检测合格后发货。

114. 真空绝热板漏气后的膨胀率大约是多少？

气相二氧化硅芯材由级配后的纳米粉体压制而成，本身即为一块刚性板材，真空绝热板漏气后膨胀率非常小，在 2％ ～ 5％；玻璃纤维芯材一般采用湿法或干法工艺制备，非常蓬松，真空绝热板漏气后的膨胀率在 50％ ～ 60％。根据《真空绝热板》（GB/T 37608—2019）国家标准，要求所有真空绝热板漏气后膨胀率小于 10％。

第3章 真空绝热板性能及测试

115. 真空绝热板的检验项目有哪些？

依据国家标准《真空绝热板》（GB/T 37608—2019）要求，真空绝热板的检验项目见表3-1。

表3-1 真空绝热板的检验项目

项目	建筑用		工业用	
	出厂	型式	出厂	型式
外观	✓	✓	✓	✓
尺寸	✓	✓	✓	✓
翘曲和对角线差	—	✓	—	✓
中心区域导热系数	✓	✓	—	✓
穿刺强度	—	✓	—	✓
穿刺后导热系数	—	✓	—	✓
耐老化性	—	✓	—	✓
垂直于表面抗拉强度	—	✓	—	—
尺寸稳定性	—	✓	—	—
燃烧性能	—	✓	—	—
穿刺后厚度变化率	—	✓	—	—
面密度偏差	—	*	—	*
有效导热系数	—	*	—	*
使用寿命	—	*	—	*

注："✓"表示应检项目；"*"表示选做项目；"—"表示不检项目。

116. 什么是冷热冲击试验？

冷热冲击试验又名温度冲击试验或高低温冲击试验，是用于考核产品对周围环境温度急剧变化的适应性，是装备设计定型的鉴定试验和批产阶段的例行试验中不可缺少的试验，在有些情况下也可以用于环境应力筛选试验。

117. 真空绝热板的耐老化性试验方法是什么？

真空绝热板的耐老化性试验方法参照《真空绝热板》(GB/T 37608—2019)进行，其操作步骤如下：

(1) 取 3 块完整的真空绝热板分别测试其中心区域导热系数；

(2) 将 3 块真空绝热板放入(70±2)℃、相对湿度(90±3)%的调温调湿箱中老化 28d±4h；

(3) 将试样取出在温度为 15～30℃、相对湿度不大于 60% 的条件下放置 (24±1)h；

(4) 分别测试经过老化处理的 3 块试样的中心区域导热系数。

118. A 级不燃建筑材料及制品的判定条件是什么？

根据《建筑材料及制品燃烧性能分级》(GB 8624—2012)，A 级不燃建筑材料及制品判定标准见表 3-2～表 3-4。

表 3-2 平板状 A 级不燃建筑材料及制品的燃烧性能判据

燃烧等级		试验方法		分级判据
A	A1	GB/T 5464[a]且		炉内温升 $\Delta T \leqslant 30℃$； 质量损失率 $\Delta m \leqslant 50\%$； 持续燃烧时间 $t_f = 0$
		GB/T 14402		总热值 $PCS \leqslant 2.0MJ/kg$ [a,b,c,e]； 总热值 $PCS \leqslant 1.4MJ/m^2$ [d]
	A2	GB/T 5464[a]或	且	炉内温升 $\Delta T \leqslant 50℃$； 质量损失率 $\Delta m \leqslant 50\%$； 持续燃烧时间 $t_f \leqslant 20s$
		GB/T 14402		总热值 $PCS \leqslant 3.0MJ/kg$ [a,e]； 总热值 $PCS \leqslant 4.0MJ/m^2$ [b,d]
		GB/T 20284		燃烧增长速率指数 $FIGRA_{0.2MJ} \leqslant 120W/s$； 火焰横向蔓延未达到试样长翼边缘； 600s 的总放热量 $THR_{600s} \leqslant 7.5MJ$

[a]匀质制品或非匀质制品的主要组分；

[b]非匀质制品的外部次要组分；

[c]非外部次要组分的 $PCS \leqslant 2.0MJ/m^2$ 时，若整体制品的 $FIGRA_{0.2MJ} \leqslant 20W/s$、LFS＜试样边缘、$THR_{600s} \leqslant 4.0MJ$ 并达到 s1 和 d0 级，则达到 A1 级；

[d]非匀质制品的任一内部次要组分；

[e]整体制品。

表 3-3　铺地 A 级不燃建筑材料及制品的燃烧性能判据

燃烧等级		试验方法		分级判据
A	A1	GB/T 5464[a]且		炉内温升$\Delta T\leqslant30℃$； 质量损失率$\Delta m\leqslant50\%$； 持续燃烧时间 $t_f=0$
		GB/T 14402		总热值 $PCS\leqslant2.0MJ/kg$ [a,b,d]； 总热值 $PCS\leqslant1.4MJ/m^2$ [d]
	A2	GB/T 5464[a]或	且	炉内温升$\Delta T\leqslant50℃$； 质量损失率$\Delta m\leqslant50\%$； 持续燃烧时间 $t_f\leqslant20s$
		GB/T 14402		总热值 $PCS\leqslant3.0MJ/kg$ [a,d]； 总热值 $PCS\leqslant4.0MJ/m^2$ [b,c]
		GB/T 11785[e]		临界热辐射通量 $CHF\geqslant8.0kW/m^2$

[a] 匀质制品或非匀质制品的主要组分；

[b] 非匀质制品的外部次要组分；

[c] 非匀质制品的任一内部次要组分；

[d] 整体制品；

[e] 试验最长时间 30min。

表 3-4　管状 A 级不燃建筑材料及制品的燃烧性能判据

燃烧等级		试验方法		分级判据
A	A1	GB/T 5464[a]且		炉内温升$\Delta T\leqslant30℃$； 质量损失率$\Delta m\leqslant50\%$； 持续燃烧时间 $t_f=0$
		GB/T 14402		总热值 $PCS\leqslant2.0MJ/kg$ [a,b,d]； 总热值 $PCS\leqslant1.4MJ/m^2$ [c]
	A2	GB/T 5464[a]或	且	炉内温升$\Delta T\leqslant50℃$； 质量损失率$\Delta m\leqslant50\%$； 持续燃烧时间 $t_f\leqslant20s$
		GB/T 14402		总热值 $PCS\leqslant3.0MJ/kg$ [a,d]； 总热值 $PCS\leqslant4.0MJ/m^2$ [b,c]
		GB/T 20284		燃烧增长速率指数 $FIGRA_{0.2MJ}\leqslant270W/s$； 火焰横向蔓延未达到试样长翼边缘； 600s 的总放热量 $THR_{600s}\leqslant7.5MJ$

[a] 匀质制品或非匀质制品的主要组分；

[b] 非匀质制品的外部次要组分；

[c] 非匀质制品的任一内部次要组分；

[d] 整体制品。

119. 真空绝热板耐候性的检测方法是什么？

目前，真空绝热板耐候性的检测方法依据的是中华人民共和国行业标准《外墙外保温工程技术标准》（JGJ 144—2019）。该标准要求外墙外保温系统经耐候性试验后，不得出现饰面层气泡或剥落、保护层空鼓或脱落等破坏，不得产生渗水裂缝。耐候性试验试样宽度为 3.20m，高度为 2.10m，面积为 6.7m²，粘结在混凝土墙上，墙上角留有一个小窗洞，用于检验窗口部位的保温。

试样在 10～25℃、相对湿度不低于 50％的环境下氧化 28d，开始试验。

试验由下列"高温—淋水"循环和"加热—冷冻"循环组成，其中高温—淋水循环，每次循环 6h，共做 80 次循环。

（1）试样表面加热至 70℃并在(70±5)℃条件下保持 3h；

（2）试样表面淋水 1h，水温(15±5)℃，水量 1～1.5L/(m²·min)；

（3）静置 2h；

（4）试样在 10～25℃、相对湿度不低于 50％的环境条件下至少进行 48h 状态调节。

加热—冷冻循环，每次循环 24h，共做 5 次循环。

（1）加热至 50℃并在(50±5)℃条件下保持 8h；

（2）降温至－20℃并在(－20±5)℃条件下保持 16h。

每次"高温—淋水"循环和每次"加热—冷冻"循环结束后，观察保护层裂缝、空鼓、脱落等情况，并做记录。

120. 真空绝热板拉伸粘结强度的测试方法是什么？

参照建筑工业行业标准《建筑用真空绝热板应用技术标准》（JGJ/T 416—2017）附录 B 拉伸粘结强度试验方法进行。

在试样表面切割出直径为 50mm 的圆形拉伸粘结试样时应切至真空绝热板表面，但不得损伤真空绝热板表面复合材料。试样数量不应少于 6 个。

拉伸粘结试样应通过合适的黏合剂与相应尺寸的金属块进行粘结。

拉伸粘结强度的测定应采用拉拔速度可控的拉拔仪，拉伸速度为(5±1)mm/min。应记录每个试样破坏时的强度值，同时记录破坏状态。破坏面在金属块黏合面时，数据应记为无效。

试验结果应为 6 个有效试验数据中 4 个中间值的算术平均值，并应精确至 0.01MPa。

121. 如何现场检测真空绝热板与基层墙体的拉伸粘结强度？

参照建筑工业行业标准《建筑用真空绝热板应用技术规程》（JGJ/T 416—2017）附录 D 真空绝热板与基层墙体拉伸粘结强度现场拉拔试验方法进行。

（1）试验制备

① 试样材料选取及制备应在外保温系统组成材料进场后进行。

② 试样应现场制作，将配制好的粘结砂浆分别抹在基层墙体、真空绝热板表面，厚度应为 3～5mm，且在实际工程环境下同条件养护 14d。

③ 试样切割应符合以下规定：

粘结砂浆与基层墙体的拉伸粘结强度试样尺寸应为 95mm×45mm，并应切至基层墙体表面。

粘结砂浆与真空绝热板的拉伸粘结强度试样尺寸应为直径 50mm，并切至真空绝热板表面，但不得损伤真空绝热板表面复合材料。

④ 粘结砂浆与基层墙体的拉伸粘结强度试样数量不应少于 3 个，粘结砂浆与真空绝热板的拉伸粘结强度试样数量不应少于 6 个。

（2）试验过程

① 拉伸粘结试样表面应通过合适的粘接剂与相应尺寸的金属块进行粘结。

② 拉伸粘结强度的测定，应采用拉拔速度可控的拉拔仪，拉伸速度为（5±1）mm/min。应记录每个试样破坏时的强度值，同时记录破坏状态。破坏面在金属块黏合面时，数据应记为无效。

（3）试验结果

① 粘结砂浆与基层墙体拉伸粘结强度试验结果应为 3 个有效试验数据的算术平均值，精确至 0.1MPa。

② 粘结砂浆与真空绝热板拉伸粘结强度试验结果应为 6 个有效试验数据中 4 个中间值的算术平均值，精确至 0.01MPa。

122. 材料导热系数测试一般选择什么方法？

图 3-1 为不同材料导热系数测试的一般选择方法。对于真空绝热板尤其适用于热流法，对于气凝胶适用于保护热板法，多孔陶瓷等适用于热线法，对于金属适用于激光闪射法。

123. 热流法测试导热系数的原理是什么？

图 3-2 为热流法测试导热系数原理图。热流法导热仪测试时，将试样置于两

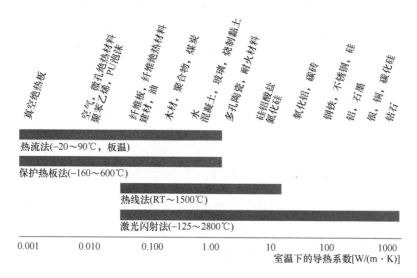

图 3-1 不同材料导热系数测试的一般选择方法

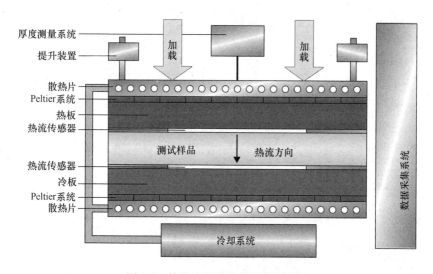

图 3-2 热流法测试导热系数原理图

块加热板之间，两块加热板的温度自动进行调整，达到用户定义的平均样品温度（即上下板平均温度）与温差值，随后测量通过样品的热流功率。样品厚度（L）通常为样品实际厚度，对于可压缩样品则为期望的厚度值。两个经过标定的热流传感器测量通过样品的热流（Q），传感器可以覆盖样品上下表面的大部分面积。在达到设定的热平衡阈值之后，测试完成。热流传感器的输出值通过标样进行标定。软件遵照傅里叶定律，使用平均热流与热阻（R）计算导热系数（λ）。热透射系数（亦称 U 值）定义为总热阻的倒数。U 值越低，材料的绝热性能越好。

124. 目前测试真空绝热板导热系数有哪些仪器?

(1) 德国耐驰公司 HFM 436 和 446 系列导热系数测试仪;

(2) 美国 TA 公司 Fox 系列导热系数测试仪;

(3) 北京建科源科技有限公司 JW-Ⅲ系列平板导热系数测试仪。

125. 耐驰 HFM 436 Lambda 系列导热系数测试仪的性能指标有哪些?

耐驰 HFM 436 Lambda 系列导热系数测试仪的性能指标见表 3-5。

表 3-5　耐驰 HFM 436 Lambda 系列导热系数测试仪的性能指标

指标	HFM 436/3/0	HFM 436/3/1	HFM 436/3/1E	HFM 436/6/1
冷热板的温度范围/℃	0~40	0~100	−30~90	−20~70
冷却系统	空气	空气	外部水浴	外部水浴
平板温控系统	Peltier 系统	Peltier 系统	Peltier 系统	Peltier 系统
热电偶精度/℃	±0.01	±0.01	±0.01	±0.01
可编程数据点	1	10	10	10
样品尺寸 ($L \times W \times H$) /mm	305×305×100	305×305×100	305×305×100	610×610×200
热阻范围/ (m² · K/W)	0.05~8.0	0.05~8.0	0.05~8.0	0.1~8.0
导热系数范围/ [W/ (m · K)]	0.002~2.0	0.002~2.0	0.002~2.0	0.002~1.0
重复性	0.25%	0.25%	0.25%	0.25%
精确度	±1%~3%	±1%~3%	±1%~3%	±1%~3%
外形尺寸 ($L \times W \times H$) /mm	480×630×510	480×630×510	480×630×510	800×950×800
可变负载/kPa	21	21	21	无

126. 耐驰 HFM 446 Lambda 系列导热系数测试仪的性能指标有哪些?

NETZSCH-HFM 446 Lambda Eco-Line 是 HFM 436 升级产品,为导热系数的测量建立了新的标准化方法,应用于研究开发与质量控制领域,表现出更多样性的特性。利用可变载荷,能研究可压缩材料的密度-导热系数曲线,为玻璃纤维绝热材料内部存在的多种热传导方式提供依据,为可压缩超细玻璃棉芯材厚度和温度变化的导热系数测量提供了无限可能,能迅速评价其真空绝热板性能。其性能指标见表 3-6。

表 3-6   耐驰 HFM 446 Lambda 系列导热系数测试仪的性能指标

标准	ASTM C518，ASTM C1784*，ISO 8301，JIS A1412，DIN EN 12667，DIN EN 12664*，GB/T 10295
导热系数范围	0.002～2.0W/(m·K)； 准确度：±1%～2%； 重复性：0.5%； 重现性：±0.5%； 所有性能指标都经过标样验证
冷热板的温度范围	−20～90℃
传感器尺寸	小：102mm×102mm； 中：102mm×102mm； 大：254mm×254mm
热电偶分辨率	±0.01℃
可设置的温度点	最多 10 个
样品尺寸	小：203mm×203mm； 中：305mm×305mm； 大：611mm×611mm
样品厚度（最大）	小：51mm； 中：105mm； 大：200mm
可变载荷/接触力	小：0～854N(对于 203mm×203mm 尺寸的样品，压强最大为 21kPa)； 中：0～1930N(对于 305mm×305mm 尺寸的样品，压强最大为 21kPa)； 大：约 1900N(对于 611mm×611mm 尺寸的样品，压强最大为 5kPa)； 精确控制载荷，对于可压缩材料可通过调节压力改变密度； 软件基于载荷传感器信号计算接触压力
自动测量厚度	通过倾斜计测量样品四个角的厚度； 适合非平行样品的表面
软件特点	Smart Mode(包括自动校正、生成报告、导出数据、测量向导、用户方法、预定义仪器参数、用户自定义参数、Cp 测定等)； 校正和测试文件的存储和调用； 绘制导热系数与板温度/平均温度的关系曲线； 监控热流传感器信号

127. Fox-200 导热系数测试仪的性能指标有哪些？

Fox-200 导热系数测试仪的性能指标见表 3-7。

表 3-7　Fox-200 导热系数测试仪的性能指标

型号	Fox-200
方法	热流计法
符合的标准	ASTM-C518、ISO-8301、JIS-A1412 和 GB/T 10295
导热系数范围	$0.005 \sim 0.35 \text{W/(m·K)}$ ［通过外接热偶包，可扩展至 $0.001 \sim 2.5 \text{W/(m·K)}$］
准确度	优于 1%
重复性	$\pm 0.25\%$
温度范围	$-20 \sim 75℃$（可扩展至 $-30 \sim 95℃$） $160℃$，$250℃$ 高温型可选
控制方式	可独立操作，或 PC 端 WinTherm 软件控制
厚度测量	自动测量，并可指定厚度
厚度精度	0.025mm
温度精度	0.01℃
加热/制冷方式	帕尔贴半导体
温度控制方式	E 型热电偶和专门的 PID 控制
样品尺寸	$200 \text{mm} \times 200 \text{mm} \times (2 \sim 50) \text{mm}$
传感器面积	75×75
散热方式	水冷
可选配置	自动进样器，20 个标样容量 真空或气氛模块，10^{-10}atm 真空度 低温型号，$-175 \sim 50℃$ 温区
机器尺寸	$315 \text{mm} \times 470 \text{mm} \times 470 \text{mm}$，16kg

128. NETZSCH-HFM 436 导热系数测试仪的测试流程是怎样的？

测试仪上板温度为 38℃，下板温度为 10℃，平均温度为 24℃，将试样放入导热系数测试仪中，观察并记录数值，取两个小样的平均值为最终数值。

（1）开机预热 30min，然后打开程序，输入测试编号。

（2）打开测试箱，放入尺寸小于 $300 \text{mm} \times 300 \text{mm}$ 的真空绝热板试样板或芯材，压力板到位后，选择"RUN"。

（3）待主界面跳出，再按下"Setpoints"，选择对应的温差。其中，测试真空绝热板导热系数情况选择 23.85℃/27.70℃，测试芯材导热系数情况选择 25.00℃/30.00℃，然后保存数据。

（4）在 Sample 下，输入 Sample ID，同时输入被测样品的厚度和密度，其中还可以用仪器测量厚度（电脑自己测量厚度），输入的数据需要保存。

（5）Equilibrium、Offsets 和 Misc 界面不需改动，但仍然需要保存。

（6）在 Cal File 界面下载"真空绝热板 110514 真空绝热板 . cal"文件（测试真空绝热板情况下）或"芯材 110514 芯材 . cal"文件（测试芯材情况下），导入文件后需要保存。

（7）点击"Start Run"，开始运行工作。

（8）测试结束，进入 E 盘 qlab 文件，打印样品测试报告。

（9）结束测量后关闭程序以及电源。

（10）每个月对仪器进行一次校准，保证测试数据的准确性。

129. ZH-4 测厚仪的测试流程是怎样的？

在 10kPa 压力环境下检测芯材的厚度。截取 5 个 255mm×255mm 的试样，调整千分尺的零点，提起测量面将试样放在测量面上，以低于 3mm/s 的速度将测量面压在试样上，操作过程中避免产生任何冲击，待指示值稳定后读数（通常在试验开始后 2～3s）。每个试样选取分布均匀的 5 个点进行测试，每个点距离任意一边不小于 20mm，读数后取算术平均值，然后再取 5 个试样的平均值，精确至 0.01mm。

130. KY-8000 系列电子万能试验机的测试流程是怎样的？

在拉压工作状态的设置如下：

（1）如果要选择压缩工作的操作，按"设置"键，再按"上行"键直至拉压工作指示灯灭。

（2）如果要选择拉伸工作的操作，按"设置"键，再按"下行"键直至拉压工作指示灯灭。

试验前准备：打开电源，系统运行预热 20min 后才可操作。在试验操作工作之前，操作人员必须输入本次试验的有关参数，包括运行速度。对于 HD-STP 板的拉拔测试速度为 5mm/min，阻隔膜热封强度的拉拔测试速度为 100mm/min。

（1）"速度"键：输入系统的运行速度（三位整数，不足三位前面补零）。

按"速度"键，上排数码管显示 000 并闪烁。

按数字键由高到低位输入系统的工作速度。例如：输入"200"表示系统的工作速度为 200mm/min。

（2）"返回"键：试片做完试验后，按此键可使动夹头高速返回到起始位置。

（3）"上行"和"下行"键：按此键系统按面板设定速度向上、向下运行。

（4）"停止"键：停止正在工作中执行上或下运行的电机。仅对上、下运行动作有效，对工作状态的电机无效。

工作运行：输入完参数之后，夹好试样，按"工作"键，系统进入正常工作流程，试片拉伸后，在面板上、下显示器中，分别显示最大拉伸力值、最大拉伸长度。最后读出和记录最大值数据。

试验结束：记录数据之后，关闭电源，卸下试样，整理好试验机操作台。

131. 可程式恒温恒湿试验机的测试流程是怎样的？

（1）检查水箱是否有充足的水，然后打开电源，观察主界面，界面是触摸可控制的。

（2）输入温度和湿度等数据。可程式恒温恒湿试验机主要有两种操作：一种是定值运行操作，另一种是可程式运行操作。

定值运行操作。进入操作设定界面，选择运行方式—定值，按"切换"键，设定运行时间；然后返回监视界面，设定温度和湿度。

可程式运行操作。进入操作设定界面，选择运行方式—程式；然后进入程式设定界面，进入程式编辑界面，输入循环运行数据：最高温度、湿度和该温度下的时间以及最低温度、湿度和该温度下的时间。一个循环后，将后面的设定程式界面的时间设置为负值。返回程式设定界面，进入循环界面，设定循环次数。

（3）待定值运行操作或可程式运行操作数据输入完成后，再重新检查一遍，确保输入数据完全正确。

（4）运行操作。进入运行操作界面，选择"运行"键，观察设备的运行状态，如出现异常请联系相关负责人。对于在较长时间的运行工作条件下，需要间隔时间查看，以确保水箱的含水量。

132. 真空绝热板湿热条件下热阻保留率的测试流程是怎样的？

处理前的中心区域热阻测试：

用导热系数测定仪测试处理前试样的中心区域热阻，取三位有效数字，并记录试样的厚度。若试样出现漏气或变形现象，则重新取样进行测试。

处理条件及步骤：

从下列（1）～（4）中选择条件对测试完中心区域热阻的试样进行处理：

（1）高温高湿条件

先将试样放置在温度（70±2）℃、相对湿度（90±3）%的调温调湿箱中 28h，然后放置在温度(23±2)℃、相对湿度(50±5)%的环境中不少于 24h。

（2）高温交替条件

先将试样放入调温调湿箱中，进行 48 次的高低温交替循环，循环条件如下：

先在 2h 内升至温度(70±2)℃、相对湿度(90±3)%，并在此状态下保持 6h；

再在 3h 内降温至(−40±2)℃，并在此状态下保持 3h；

然后放置在温度(23±2)℃、相对湿度(50±5)%的环境中不少于 24h。

（3）低温条件

先将试样放置在温度(−40±2)℃的环境箱中 28h，然后放置在温度(23±2)℃、相对湿度(50±5)%的环境中不少于 24h。

（4）高温条件

先将试样放置在温度(70±2)℃的环境箱中 28h，然后放置在温度(23±2)℃、相对湿度(50±5)%的环境中不少于 24h。

133. 真空防护方式测量导热系数对试样的要求是什么？

试样为正方形真空绝热板，试样尺寸应满足以下要求：

（1）试样的边长应与《绝热材料稳态热阻及有关特性的测定　防护热板法》（GB/T 10294）规定的设备计量板的尺寸一致；

（2）试样的对角线偏差应≤2mm，翘曲应≤3mm，四个角的折边厚度与非折边区的厚度差值应≤1mm。

134. 非真空防护方式测量导热系数对试样的制备要求是什么？

试样周围宜采用材质均匀、不透气、热性能稳定的回字形聚氨酯板填充，如图 3-3 所示。聚氨酯板应满足以下要求：

（1）聚氨酯的厚度应与真空绝热板试样的厚度一致，聚氨酯板的宽度应与《绝热材料稳态热阻及有关特性的测定　防护热板法》（GB/T 10294）规定的防护板的宽度一致；

（2）聚氨酯板在平均温度 25℃的导热系数应小于等于 25mW/(m·K)。

聚氨酯板与试样之间的空隙应用发泡聚氨酯填充，待发泡材料干燥并完全硬化后方可测试。

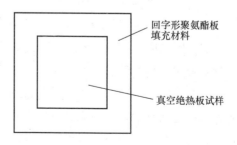

图 3-3　非真空防护的试样制备示意图

135. 非真空防护方式测量导热系数的试验步骤是什么?

(1) 试样应在温度(23±2)℃、相对湿度(50±5)%的条件下进行不少于 72h 的状态调节;

(2) 用钢直尺测量试样的长度 a_1 和宽度 b_1,用 H 型测厚仪测量试样的厚度 d;

(3) 制备试样;

(4) 将试样的整体放入导热系数测定仪;

(5) 调整试样的位置,使真空绝热板的整体覆盖导热系数测定仪的计量区域;

(6) 若采用真空防护方式,应在试样四周以及防护板与冷却单元之间配置防辐射屏,再将设备的真空度抽至 10^{-3} Pa 以下;若采用非真空防护方式,应检查设备的防护板是否完全被回字形聚氨酯板覆盖;

(7) 设定热板与冷板的温差应大于或等于 20K;

(8) 温度达到设定值并稳定后,按照《绝热材料稳态热阻及有关特性的测定 防护热板法》(GB/T 10294)的原理计算试样的导热系数;

(9) 按照以上要求测出的导热系数即为真空绝热板的有效导热系数。

136. 热箱法测量真空绝热板导热系数对试样的要求是什么?

试样为正方形真空绝热板,试样尺寸应满足以下要求:

(1) 应大于等于 900mm×900mm 且小于等于 1200mm×1200mm;

(2) 试样的对角线偏差应小于或等于 5mm,翘曲应小于或等于 3mm,四个角的折边厚度与非折边区的厚度差值应小于或等于 1mm;

(3) 试样周围的聚氨酯填充材料的宽度应大于或等于 150mm;

(4) 由试样与聚氨酯构成的整体测试试样的尺寸应覆盖设备的开口面积。

试样周围应使用材质均匀、不透气、热性能稳定的聚氨酯板填充,如图 3-4 所示。聚氨酯板应满足以下要求:聚氨酯板在平均温度 25℃ 的导热系数应小于或等于 25mW/(m·K),聚氨酯板的导热系数应预先按照《绝热材料稳态热阻及有关特性的测定 防护热板法》(GB/T 10295)进行测定,测试聚氨酯板的导热系数所选取的平均温度应为预设热箱与冷箱环境温度的平均值。聚氨酯板与试样之间、聚氨酯板与安装架之间的空隙应用发泡聚氨酯填充,待发泡材料干燥并完全硬化后方可测试。

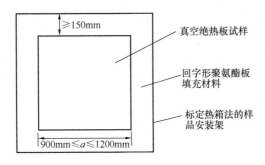

图 3-4　热箱法测量真空绝热板导热系数试样示意图

137. 开孔芯材对真空绝热板的导热系数有哪些影响？

为了测试芯材开孔数目对真空绝热板导热系数的影响，选取玻璃纤维芯材尺寸为 300mm×300mm×3mm，所开孔的直径为 14mm，孔间距为 6~15cm，开孔的个数分别为 0、2、4、8、10、12 个。使用 Netzsch HFM 436 导热系数测定仪测试表面开孔真空绝热板的导热系数。测试仪上板温度设置为 35℃，下板温度设置为 15℃，平均温度为 25℃。不同开孔情况下真空绝热板的隔热效果测试见表 3-8。

表 3-8　不同开孔情况下真空绝热板的隔热效果测试

样品编号	开孔个数/个	开孔面积率/%	导热系数/ [mW/(m·K)]	热阻/ [(m²·K)/mW]
1	0	0	7.5	779.4
2	2	0.34	12.1	537.1
3	4	0.68	8.8	694.0
4	6	1.03	8.5	715.6
5	8	1.37	5.6	1081.1
6	10	1.71	10.3	606.6
7	12	2.05	13.3	456.3

由表 3-8 可见，未开孔的真空绝热板导热系数为 7.5mW/(m·K)；当有两个孔时，导热系数迅速升高；然后随孔数增多，导热系数缓慢下降；当孔数达到 8 个时，导热系数甚至比无孔导热系数还低；继而随孔数增多，导热系数持续升高。孔数增多时，真空绝热板能够尽可能获得低真空，但是当稀薄空气在其中均化后，空隙处对流显著增加，使真空绝热板导热系数劣化。在长时间服役环境下，随着真空绝热板内气压增加，导热系数劣化加速，真空绝热板寿命临界压强将显著下降。

138. 真空绝热板的内压测试方法有哪些？

目前，真空绝热板的内压测试方法主要有三种，分别是逆真空法、传感器法和连通器法。

逆真空法（图 3-5）：真空绝热板内部是高真空环境，由于外界大气压作用，封装膜材被紧密压在芯材表面。通过在真空绝热板膜材外表面施加负压使得膜材内外表面气压差降低，当内外压差为零时，封装膜将脱离芯材表面，此时外加负压即为真空绝热板的内压。通过测量真空绝热板表面封装膜材的变化即可确定真空绝热板的内压，这种方法称为逆真空法。南京航空航天大学研制的 Napa 真空绝热板内压测试仪（图 3-6）通过激光测距准确捕捉真空绝热板膜材的鼓胀时间，通过专门算法计算出内压强度，并可直接打印出测试结果，粘贴在样品表面，从而对样品进行质量鉴定。

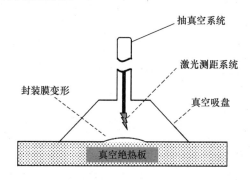

图 3-5　逆真空法测试原理示意图

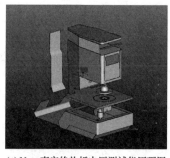

(a) Napa真空绝热板内压测试仪原理图　　(b) Napa真空绝热板内压测试仪实物图

图 3-6　南京航空航天大学研制的 Napa 内压测试仪

传感器法：在制备真空绝热板过程中，通过在真空绝热板内放置气体传感器，并配合相应的接收器，实时监控真空绝热板内压变化。

连通器法：研究表明，真空绝热板内压对真空绝热板的导热系数具有显著影响。实验室目前采用连通器原理，将一块芯材和一个带密封盘的真空阀封装在同一个封装袋内，形成一个特殊的真空绝热板，在芯材和真空阀袋中间预留一个小通气孔，形成两块连体真空绝热板（图 3-7）。通过控制真空阀来调节真空绝热板内的气压以测量内压与真空绝热板导热系数之间的关系变化，该方法称为连通器法。也可以在一块完整的真空绝热板一端打孔，将真空计安装在表面，然后将真空绝热板完整面放入耐驰导热系数测试仪中，打孔面放置在仪器外，通过真空泵调节板内真空度，同时可在导热系数测试仪上读出相应的导热系数。这种方法对板材的宽度有限制，不能超过仪器的容许值，一般是 300mm。

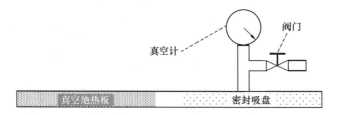

图 3-7　连通器法装置原理示意图

139. 不同内压测试方法有哪些优缺点？

根据测试原理可以看出，逆真空法主要依靠内外压差平衡的方式测试内部负压，仅需要逆真空测试仪即可快速测量，可在流水线上实时测试；传感器法需要在每个真空绝热板内置传感器，相应增加每块真空绝热板的生产成本，同时需要专用的设备读取传感器数据，造价成本较高；而连通器法主要是为了研究真空绝热板内压与导热系数之间的关系而设计，无法应用于真空绝热板的生产和实际应用之中。不同真空绝热板内压测试方法的优缺点对比见表 3-9。

表 3-9　不同真空绝热板内压测试方法的优缺点对比

指标	逆真空法	传感器法	连通器法
制样方法	简单	简单	复杂
是否破坏试样	否	否	是
是否可重复使用	是	是	否
测试设备	逆真空法测试仪	压力传感器	导热系数测试仪 真空计
测试效率	高	高	低
测试成本	低	高	高
板材尺寸	不限	不限	宽度受限

140. 真空绝热板内压增加的计算方法是什么?

真空绝热板的老化过程是类似阿伦尼乌斯(Arrhenius)行为的加速老化效应。在特定的温度和湿度下,真空绝热板内部每年的压强增加值可以简单叠加,可以使用 Arrhenius 常数 A 和 E_a 通过式(3-1)来估计真空绝热板每年的压强增加值:

$$p_a = \frac{\sum_i A \exp\left(-\dfrac{E_a}{RT_i}\right)\Delta t_i}{\sum_i \Delta t_i} = A \exp\left(-\frac{E_a}{RT_{effective}}\right) \quad (3\text{-}1)$$

根据压力-导热系数的关系图,通过压力 p_a 的变化可以直接查找到真空绝热板对应的导热系数,当 p_a 升高至常压时,真空绝热板彻底失效。由于 Arrhenius 温度加权因子的有效温度 $T_{effective}$ 一般高于平均温度,类似的方法也适用于估计每年的水分吸声率 u_a。任何温度下,相对较高的湿度都会对建筑保温性能产生影响,必要的建筑防水防潮必须做好。

141. 真空绝热板的物理性能指标有哪些?

根据《真空绝热板》(GB/T 37608—2019)规定,真空绝热板的物理性能见表 3-10。

表 3-10 真空绝热板的物理性能

项目			指标
中心区域导热系数 (平均温度 25℃±2℃)/ [W/(m·K)]	Ⅰ型		≤0.0025
	Ⅱ型		≤0.0050
	Ⅲ型		≤0.0080
	Ⅳ型		≤0.0120
穿刺强度/N			≥15
穿刺后导热系数(平均温度 25℃±2℃)/[W/(m·K)]			≤0.035
湿热老化性 (70℃,相对 湿度 90%,28d)	老化后中心区域导热系数 (平均温度 25℃±2℃)/ [W/(m·K)]	Ⅰ型	≤0.0050
		Ⅱ型	≤0.0080
		Ⅲ型、Ⅳ型	≤0.0120
	老化后中心区域导热系数增量 (平均温度 25℃±2℃)/ [W/(m·K)]	气硅芯材 普通硅粉芯材 — 双面铝箔膜	≤0.0010
		气硅芯材 普通硅粉芯材 — 双面镀铝膜阴阳膜 其他阻气隔膜	≤0.0020
		玻纤芯材及 其他芯材 — 双面铝箔膜	≤0.0030
		玻纤芯材及 其他芯材 — 双面镀铝膜阴阳膜 其他阻气隔膜	≤0.0050

142. 建筑用真空绝热板还有哪些性能要求?

根据国家标准《真空绝热板》(GB/T 37608—2019),建筑用真空绝热板的性能要求如下:

(1) 垂直于表面的抗拉强度应不小于 80kPa;

(2) 尺寸稳定性应满足长度、宽度和厚度的变化率分别不大于 1.0%、1.0%和 3.0%;

(3) 燃烧性能级别应不低于 A(A2)级;

(4) 穿刺后厚度变化率应不大于 10%。

根据行业标准《建筑用真空绝热板》(JG/T 438—2014),建筑用真空绝热板的抗压强度≥100kPa。

143. 真空绝热板的尺寸稳定性怎样测量?

依据国家标准《真空绝热板》(GB/T 37608—2019)要求,真空绝热板的尺寸稳定性测量按下列步骤进行:

(1) 测量试验前每块试样的长度、宽度和厚度;

(2) 将试样放入 70℃烘箱中保持(48±2)h,然后取出,放置在 15~30℃、相对湿度不大于 60%的实验室 1~3h;

(3) 测量步骤(2)后每块试样长度、宽度和厚度的尺寸变化率;

(4) 按式(3-2)~式(3-4)分别计算试样长度、宽度和厚度的尺寸变化率。

$$\delta_l = \frac{(l_2 - l_1)}{l_1} \times 100\% \tag{3-2}$$

$$\delta_\omega = \frac{(\omega_2 - \omega_1)}{\omega_1} \times 100\% \tag{3-3}$$

$$\delta_t = \frac{(t_2 - t_1)}{t_1} \times 100\% \tag{3-4}$$

式中　δ_l,δ_ω,δ_t——分别为试样的长度变化率、宽度变化率和厚度变化率,以百分数(%)表示;

　　　l_1,ω_1,t_1——分别为试验前试样的长度、宽度和厚度,单位为毫米(mm);

　　　l_2,ω_2,t_2——分别为试验后试样的长度、宽度和厚度,单位为毫米(mm)。

试样数量为 3 块,取 3 块试样的算术平均值,修约至 0.1%。

144. 关于建筑外保温材料燃烧等级选用的有关规定是什么?

国家标准《建筑设计防火规范》(GB/T 50016)自实施以来,有关部门会根据实际情况进行修订，而且各地又不断出台地方法规和要求，建筑外保温材料燃烧等级总体上是朝 A 级发展。

人员密集场所的建筑，外墙外保温材料的燃烧性能应为 A 级。

与基层墙体、装饰层之间无空腔的建筑外墙外保温系统，保温材料应符合下列规定（表 3-11）。

表 3-11　建筑外墙外保温系统的保温材料

建筑类型	建筑高度/h	燃烧性能
住宅建筑	$h>100m$	应为 A 级
	$27m<h\leqslant100m$	不低于 B1 级
	$h\leqslant27m$	不低于 B2 级
其他建筑（除住宅建筑和设置人员密集场所的建筑外）	$h>50m$	应为 A 级
	$27m<h\leqslant50m$	不低于 B1 级
	$h\leqslant27m$	不低于 B2 级

145. 怎样测量真空绝热板的燃烧性能？

根据《建筑材料及制品燃烧性能分级》(GB 8624—2012)要求，真空绝热板燃烧性能测试需按照《建筑材料不燃性试验方法》(GB/T 5464—2010)、《建筑材料可燃性试验方法》(GB/T 8626—2007)和《建筑材料或制品的单体燃烧试验》(GB/T 20284—2006)进行。

(1)《建筑材料不燃性试验方法》（GB/T 5464—2010）规定的操作步骤如下：

① 试验前应确保整台装置处于良好的工作状态，如空气稳流器整洁畅通、插入装置能平稳滑动、试样架能准确位于炉内规定位置。

② 将试样放入试样架内，试样架悬挂在支承件上。

③ 将试样架插入炉内规定位置，该操作时间不应超过 5s。

④ 当试样位于炉内规定位置时，立即启动计时器。

⑤ 记录试验过程中炉内热电偶测量的温度，如要求测量试样表面温度和中心温度，对应温度也应予以记录。

⑥ 进行 30min 试验。

如果炉内温度在 30min 时达到了最终温度平衡，即由热电偶测量的温度在 10min 内漂移（线性回归）不超过 2℃，则可停止试验。如果 30min 内未能达到温度平衡，应继续进行试验，同时每隔 5min 检查是否达到最终温度平衡，当炉内温度达到最终温度平衡或试验时间达 60min 时应结束试验。记录试验的持续时间，然后从加热炉内取出试样架，试验的结束时间为最后一个 5min 的结束时刻或 60min。若温度记录仪不能进行实时记录，试验后应检查试验结束时的温度记录。若不能满足上述要求，则应重新试验。若试验使用了附加热电偶，则应在所有热电偶均达到最终温度平衡时或当试验时间为 60min 时结束试验。

⑦ 收集试验时和试验后试样碎裂或掉落的所有碳化物、灰和其他残屑，同试样一起冷却至环境温度后，称量试样的残留质量。

⑧ 按①～⑦的规定共测试五组试样。

（2）《建筑材料可燃性试验方法》（GB/T 8626—2007）规定的操作步骤如下：

① 点燃位于垂直方向的燃烧器，待火焰稳定。调节燃烧器微调阀，并采用测量器具测量火焰高度，火焰高度应为(20±1)mm。应在远离燃烧器的预设位置上进行该操作，以避免试样意外着火。在每次对试样点火前应测量火焰高度。

注： 光线较暗的环境有助于测量火焰高度。

② 沿燃烧器的垂直轴线将燃烧器倾斜 45°，水平向前推进，直至火焰抵达预设的试样接触点。当火焰接触到试样时开始计时，按照委托方要求，点火时间为 15s 或 30s，然后平稳地撤回燃烧器。

③ 点火方式

试样可能需要采用表面点火方式或边缘点火方式，或这两种点火方式都要采用：

（a）表面点火

火焰应施加在试样的中心线位置，底部边缘上方 40mm 处。应分别对实际应用中可能受火的每种不同表面进行试验。

（b）边缘点火

对于总厚度不超过 3mm 的单层或多层的制品，火焰应施加在试样底面中心位置处。

对于总厚度大于 3mm 的单层或多层的制品，火焰应施加在试样底边中心且距受火表面 1.5mm 的底面位置处。

④ 试验时间

如果点火时间为 15s，总试验时间是 20s，从开始点火计算。

如果点火时间为 30s，总试验时间是 60s，从开始点火计算。

（3）《建筑材料或制品的单体燃烧试验》（GB/T 20284—2006）规定的操作步骤如下：

① 将试样安装在小推车上，主燃烧器置于集气罩下的框架内，整个试验步

骤应在试样从状态调节中取出 2h 内完成。

② 将排烟管道的体积流速 V_{298}（t）设为（0.60 ± 0.05）m^3/s。整个试验期间，该体积流速应控制在 $0.50\sim0.65 m^3/s$ 的范围内。

注：在试验过程中，因热输出的变化，需对一些排烟系统（尤其是设有局部通风机的排烟系统）进行人工或自动重调以满足规定的要求。

③ 记录排烟管道中热电偶 T_1、T_2 和 T_3 的温度以及环境温度且记录时间至少应达 300s。环境温度应在（20 ± 10）℃内，管道中的温度与环境温度相差不应超过 4℃。

④ 点燃两个燃烧器的引燃火焰（如使用了引燃火焰）。试验过程中引燃火焰的燃气供应速度变化不应超过 5mg/s。

⑤ 记录试验前的环境大气压力（Pa）与环境相对湿度（%）。

⑥ 采用精密计时器开始计时并自动记录数据，开始的时间 t 为 0s。

⑦ 在 t 为（120 ± 5）s 时：点燃辅助燃烧器并将丙烷气体的质量流量 $m_x(t)$ 调至（647 ± 10）mg/s，此调整应在 t 为 150s 前进行。整个试验期间丙烷气质量流量应在此范围内。

注：210s<t<270s 这一时间段是测量热释放速率的基准时段。

⑧ 在 t 为（300 ± 5）s 时：丙烷气体从辅助燃烧器切换到主燃烧器。观察并记录主燃烧器被引燃的时间。

⑨ 观察试样的燃烧行为，观察时间为 1260s，并在记录单上记录数据。

注：试样暴露于主燃烧器火焰下的时间规定为 1260s，在 1200s 内对试样进行性能评估。

⑩ 在 $t\geqslant1560$s 时，应停止向燃烧器供应燃气并停止数据的自动记录。

⑪ 当试样的残余燃烧完全熄灭至少 1min 后，应在记录单上记录试验结束时的情况。应记录的数据包括排烟管道中"综合测量区"的透光率（%）、O_2 的摩尔分数和 CO_2 的摩尔分数。

步骤⑨中需要记录的数据包括：

（a）火焰在长翼上的横向传播

在试验开始后的 1500s 内，在 $500\sim1000$mm 的任何高度，持续火焰到达试样长翼远边缘处时，火焰的横向传播应予以记录。火焰在试样表面边缘处至少持续 5s 为该现象的判据。

注：当试样安装于小推车中时，是看不见试样的底边缘的。安装好试样后，试样在小推车的 U 形卡槽顶部位置的高度约为 20mm。

（b）燃烧颗粒物或滴落物

仅在开始受火后的 600s 内及仅当燃烧滴落物/颗粒物滴落到燃烧器区域外的

小推车底板（试样的低边缘水平面内）上时，才记录燃烧滴落物/颗粒物的滴落现象。燃烧器区域定义为试样翼前侧的小推车底板区，与试样翼之间的交角线的距离小于 0.3m。应记录以下现象：在给定的时间间隔和区域里，滴落后仍在燃烧但燃烧时间不超过 10s 的燃烧滴落物/颗粒物的滴落情况；在给定的时间间隔和区域里，滴落后仍在燃烧但燃烧间超过 10s 的燃烧滴落物/颗粒物的滴落情况。

　　注：需在小推车的底板上画一 1/4 圆，以标记燃烧器区域的边界。画线的宽度应小于 3mm。

　　注：接触到燃烧器区域外的小推车底板上且仍在燃烧的试样部分应视为滴落物，即使这些部分与试样仍为一个整体。

　　对于膜材来说，还需按照《建筑材料及制品的燃烧性能　燃烧热值的测定》（GB/T 14402—2007）进行燃烧热值测定，方法如下：

　　① 制备"香烟"样品。将 0.5g 片状试样和 0.5g 苯甲酸混合，放入和点火丝连接的"香烟纸"，在模具中成型。从模具中取出装有试样和苯甲酸混合物的"香烟纸"，将"香烟纸"两端扭在一起。

　　② 将"香烟"样品放置于氧弹的坩埚内，点火丝链接电极，在氧弹中倒入 10mL 蒸馏水，用来吸收试验过程中产生的酸性气体。

　　③ 拧紧氧弹密封盖，连接氧弹和氧气瓶阀门，小心开启氧气瓶，给氧弹充氧至压力达到 3.0~3.5MPa。

　　④ 在量热仪内筒中注入蒸馏水，使其能够淹没氧弹，并对其进行称量，精确到 1g。

　　⑤ 检查并确保氧弹没有泄漏（没有气泡）。

　　⑥ 将量热仪内同放入外筒。

　　⑦ 试验步骤如下：

　　（a）安装温度测定装置，开启搅拌器和计时器。

　　（b）调节内筒水温，使其和外筒水温基本相同。每隔一分钟应记录一次内筒水温，调节内筒水温，直到 10min 内的连续读数偏差不超过 ±0.01K。将此时的温度作为起始温度（T_i）。

　　（c）接通电流回路，点燃样品。

　　（d）对绝热量热仪来说：在量热仪内筒快速升温阶段，外筒的水温应与内筒水温尽量保持一致；其最高温度相差不能超过 ±0.01K。每隔一分钟应记录一次内筒水温，直到 10min 内的连续读数偏差不超过 ±0.01K。将此时的温度作为最高温度（T_m）。

　　⑧ 从量热仪中取出氧弹，放置 10min 后缓慢泄压。打开氧弹。如氧弹中无

煤烟状沉淀物且坩埚上无残留碳，便可确定试样发生了完全燃烧。清洗并干燥氧弹。

⑨ 试样燃烧总热值计算方法：

计算试样燃烧的总热值时，应在恒容的条件下进行，由下列公式计算得出，以 MJ/kg 表示。对于自动测试仪，燃烧总热值可以直接获得。

$$PCS = \frac{E(T_m - T_i + c) - b}{m} \tag{3-5}$$

式中　PCS——总热值，单位为兆焦耳每千克（MJ/kg）；

$\quad\quad E$——量热仪、氧弹及其附件以及氧弹中充入水的水当量，单位为兆焦耳每开尔文（MJ/K）；

$\quad\quad T_i$——起始温度，单位为开尔文（K）；

$\quad\quad T_m$——最高温度，单位为开尔文（K）；

$\quad\quad b$——试验中所用助燃物的燃烧热值的修正值，单位为兆焦耳（MJ），如点火丝、棉线、"香烟纸"、苯甲酸或其他助燃物；

$\quad\quad c$——与外部进行热交换的温度修正值，单位为开尔文（K）。使用了绝热护套的修正值为 0；

$\quad\quad m$——试样的质量，单位为千克（kg）。

146. 提高真空绝热板阻燃性能的方法有哪些？

真空绝热板主要采用无机纤维或无机粉体为芯材，具有天然的抗氧化和阻燃防火性能，但是封装用铝塑膜耐高温性能较差，可进行外层结构改性：

（1）采用耐碱玻纤布复合在真空绝热板外，阻止高温火焰直接接触铝塑膜，延长耐温耐火时间；

（2）采用硅钙板与真空绝热板浇筑复合，对真空绝热板形成全包围结构，阻止高温和火焰直接接触铝塑膜；

（3）真空绝热板与水泥复合形成预制件，以装配式建筑保温一体化形式出现，水泥可保障真空绝热板避免火焰和高温的炙烤。

147. 建筑材料燃烧性能分为哪几级？

燃烧性能是指建筑材料燃烧或遇火时所发生的一切物理和化学变化，这项性能由材料表面的着火性和火焰传播性、发热、发烟、炭化、失重以及毒性生成物的产生等特性来衡量。

《建筑材料及制品燃烧性能分级》（GB 8624—2012）中明确了建筑材料及其

制品燃烧性能分级：

　　A 级：不燃性建筑材料；

　　B1 级：难燃性建筑材料；

　　B2 级：可燃性建筑材料；

　　B3 级：易燃性建筑材料。

148. 真空绝热板的力学性能如何？

真空绝热板基于真空封装原理，有一定的硬度、刚度和强度，强度主要来源于多层铝、塑、玻纤复合膜材。真空绝热板的纵横拉伸强度大于 50MPa，压缩强度大于 20MPa，硬度可达到莫氏 4 级。

149. 真空绝热板膜材的抗气体渗透性能如何？

气体渗透性是指在恒定温度和单位压力差下，当稳定透过时，单位时间内透过单位厚度、单位面积试样的气体体积。材料的化学结构不同导致性能不同，因此不同膜材都有不同的抗气体渗透性能。各种阻气隔膜的氧气和水蒸气渗透速率如表 3-12 所示。

表 3-12　各种阻气隔膜的氧气和水蒸气渗透速率

项目	氧气渗透速率/ $[cm^3/(m^2 \cdot d \cdot Pa)]$	水蒸气渗透速率/ $[cm^3/(m^2 \cdot d \cdot Pa)]$
PET 薄膜	1.38×10^{-3}	4.28×10^{-3}
PET 薄膜＋PVDC 膜	9.18×10^{-5}	9.18×10^{-5}
PET 薄膜＋PVDC 膜＋铝膜	1.53×10^{-6}	6.12×10^{-6}
镀铝复合塑料膜	1.48×10^{-7}	1.48×10^{-7}
新型功能膜	6.12×10^{-9}	4.59×10^{-8}

150. 真空绝热板的拉拔试验测试及要求是什么？

使用高强度胶粘剂将尺寸为 100mm×100mm 的拉拔钢板粘贴于试样上表面中心部位，待胶粘剂固化后，再将相同的拉拔钢板粘贴于试样下表面中心部位，两个拉拔钢板应轴向同心，待胶粘剂固化后进行试验。

将试样安装到拉力试验机上进行强度测定，试验机拉伸专用夹具应带有万向节以调节应力方向，拉伸速度为 5mm/min，加载荷至试样破坏。抗拉强度测定力值按以下规定选取：

（1）当试样直接破坏时，测定力值取峰值；

（2）当没有试样直接破坏时，测定力值取非比例应力变化率刚刚小于 2％时的力值。

根据《真空绝热板》（GB/T 37608—2019）和《建筑用真空绝热板》（JG/T 438—2014）要求，垂直于板面方向的抗拉强度应大于等于 80kPa。

151. 提高真空绝热板抗压性能的方法有哪些？

（1）采用粉体模压芯材；

（2）在超细纤维芯材中添加无机纳米粉体；

（3）超细纤维芯材热压，在抽真空前增加密度；

（4）采用张力更高的玻纤铝塑封装膜；

（5）采用真空保温装饰一体化板。

152. 真空绝热板的防火性能测试结果如何？

真空绝热板的防火性能测试依据为《建筑材料及制品燃烧性能分级》（GB 8624—2012）。选取某真空绝热板进行测试，测试结果如表 3-13 所示。

表 3-13　真空绝热板的防火性能测试结果

检测项目		检验方法	技术指标		检验结果	结论
总热值（PCS）	玻璃棉芯材/（MJ/kg）	GB/T 14402—2012	A1 级	≤2.0	0.2	合格
	复合膜/（MJ/kg）	GB/T 14402—2012		≤2.0	1.4	合格
	整体制品/（MJ/kg）	GB/T 14402—2012		≤2.0	0.5	合格

注：质量损失率结果展伸不确定度 U_{95} 分别为 0.01％和 0.2％。

153. 真空绝热板穿刺强度的测试步骤有哪些？

真空绝热板的穿刺强度试验方法参照《真空绝热板》（GB/T 37608—2019）进行，其操作步骤如下：

（1）从真空绝热板的上、下两面阻气隔膜各取两组试样，每组试样由真空绝热板同一面的 5 个阻气隔膜试样组成，试样为 $\varphi=(100\pm1)$mm 的圆片，每个试样应标明真空绝热板的上下面和阻气隔膜的正反面。

（2）按《包装用塑料复合膜、袋干法复合、挤出复合》（GB/T 10004—2003）中 6.6.13 的规定分别对真空绝热板上阻气隔膜试样的正反面和下阻气隔膜试样的正反面进行试验。同一组试样的穿刺应从阻气隔膜的同一面进行。

（3）每组取 5 个试样的平均值，4 组试样平均值中的最小值为最终结果，修约至 1N。

154. 如何提高真空绝热板的抗穿刺性能？

（1）采用平整芯材，或在芯材表面后置硬质薄板；

（2）在真空绝热板膜材表面涂覆聚氨酯热塑性弹性体橡胶，使其耐磨性优异、耐臭氧性极好、硬度大、强度高、弹性好、耐低温，并有良好的耐油性、耐化学品性和耐候性；

（3）增加膜材中的尼龙厚度，提高硬度和耐磨性；

（4）增加玻璃纤维布、玄武岩纤维布，利用纤维的高硬度提高其穿刺强度；

（5）对于特殊要求的真空绝热板，可采用超薄不锈钢作为阻气隔膜。

155. 真空绝热板抗穿刺性的技术指标是多少？

根据《真空绝热板》（GB/T 37608—2019）中的要求，真空绝热板的抗穿刺强度不小于 15N，穿刺后导热系数（平均温度 25℃±2℃）不大于 35mW/(m·K)。

根据《建筑用真空绝热板》（JG/T 438—2014）中的要求，建筑用真空绝热板穿刺强度不小于 18N。

156. 真空绝热板阻气隔膜抗穿刺性强度等级是几级？

《包装用复合膜、袋通则》（GB/T 21302—2007）规定了由不同材料用不同复合方法制成的包装用复合膜、袋的术语、定义、符号、缩略语、分类、要求、试验方法、检验规则、标志、包装、运输和贮存；适用于食品和非食品包装用复合膜、袋，不适用于药品包装用复合膜、袋。

《包装用复合膜、袋通则》（GB/T 21302—2007）中将穿刺强度分为 5 级，各级分别对应的穿刺强度如表 3-14 所示，真空绝热板膜材抗穿刺强度为 3 级。

表 3-14　穿刺强度分级

项目	1 级	2 级	3 级	4 级	5 级
穿刺强度/N	>30	30~20	20~10	10~5	<5

157. 真空绝热板阻气隔膜抗穿刺性强度的表征方法是什么？

根据《包装用塑料复合膜、袋干法复合、挤出复合》（GB/T 10004—2008）和

《包装用复合膜、袋通则》(GB/T 21302—2007)，将直径为 100mm 的试片安装在样膜固定环上，然后用直径为 1.0mm、球形顶端半径为 0.5mm 的钢针以 (50±5)mm/min 的速度去顶刺；读取钢针穿透试片的最大负荷。测试片数 5 个以上，取其算术平均值作为穿刺强度，精确至 1N。图 3-8 为穿刺强度试验装置示意图。

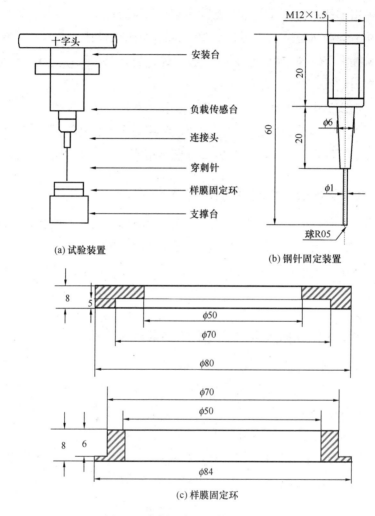

图 3-8　穿刺强度试验装置示意图

158. 建筑膜材料撕裂强度的测试方法是什么？

建筑膜材料的撕裂破坏是在膜结构安装应力或预应力作用下，由膜材料上的初始小洞、裂缝或其他缺陷等引发，再迅速扩大并导致膜材料整体破坏的过程。

由于它与膜材料的安装和使用安全有密切关系，因此受到膜结构工程界的普遍重视。目前，国内外对膜材料撕裂性能的测试主要有单舌撕裂法、双舌撕裂法、梯形撕裂法以及单轴中心裂缝撕裂法等（图 3-9～图 3-11），但还没有一个已得到膜材料制造商与膜结构设计部门广泛认同的撕裂强度测试标准。测试方法不尽相同，给膜结构设计选材带来了困难，同时也阻碍了膜材料制造业的技术进步。

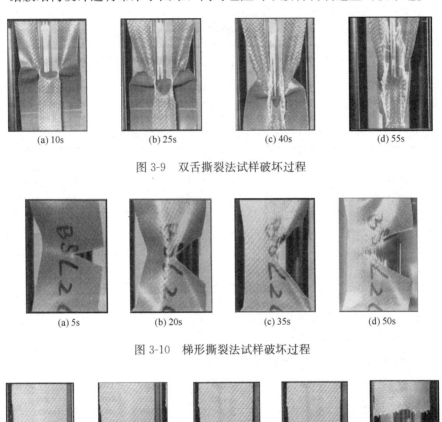

(a) 10s　　　　(b) 25s　　　　(c) 40s　　　　(d) 55s

图 3-9　双舌撕裂法试样破坏过程

(a) 5s　　　　(b) 20s　　　　(c) 35s　　　　(d) 50s

图 3-10　梯形撕裂法试样破坏过程

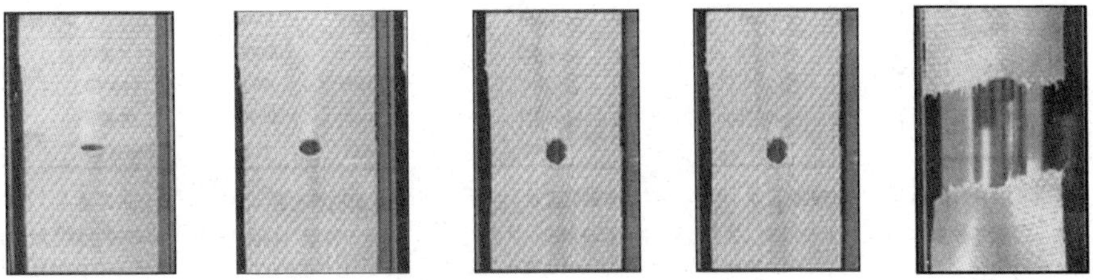

(a) 5s　　(b) 15s　　(c) 25s　　(d) 35s　　(e) 45s

图 3-11　中心撕裂法试样破坏过程

159. 施工过程中如何快速判断真空绝热板是否失效？

在真空绝热板的生产过程中，通过 5 个质量控制点严格把关真空绝热板的漏气失效，但是在运输、工地存放过程中不可避免产生损伤，因此上墙前务必对真空绝热板进行二次检测。工地上判断真空绝热板失效的方法主要有：

（1）目视。若发现真空绝热板膨胀变形则失效；合格品平整，表面有凹凸感。

（2）手感。若感觉真空绝热板变软则失效；合格品有一定的刚度，且硬度较大。

（3）耳听。用手指关节敲击，若听见"嘣嘣嘣"的声音就是合格品；若听见"嘭嘭嘭"的声音则表明已失效。

160. 建筑保温装饰板保温系统的性能要求是什么？

表 3-15 为几种建筑保温装饰板的性能要求。锚栓进入混凝土基层的有效锚固深度不应小于 30mm，进入其他实心砌体基层的有效锚固深度不应小于 50mm，对于实心砌体、多孔砖等砌体宜采用回拧打结型锚栓。

表 3-15　几种建筑保温装饰板的性能要求

项目	Ⅰ型板	Ⅱ型板
复合板拉伸粘结性能（构造）	≥0.1MPa（芯材）	≥0.12MPa（芯材）
复合板锚固性能（预埋件）	≥0.25kN	≥0.45kN
	混凝土墙体	其他墙体
基层墙体锚固性能（锚栓）	≥0.6kN	≥0.5kN

161. 真空绝热板的热导率测试试验报告应包括哪些内容？

试验报告应至少包含以下内容：

（1）试样编号和试样名称；

（2）所使用的标准（包括发布或出版年号）；

（3）试验方法和试验日期；

（4）处理条件；

（5）试样厚度；

（6）试验结果：有需要时，可给出试样的中心区域导热系数增量和处理后试样的中心区域导热系数；

（7）记录试验过程中试样是否出现漏气或变形。

162. 真空绝热板的使用寿命是如何定义的？

根据《真空绝热板》（GB/T 37608—2019），真空绝热板的使用寿命是指真空绝热板从生产之日起到其中心区域导热系数衰减至某一规定的失效值时所持续的时间。国际上以静止空气导热系数的 1/2 为阈值，亦即当真空绝热板导热系数大于 0.013W/(m·K) 为失效。

163. 真空绝热板使用寿命的评估方法有哪些？

根据《真空绝热板》(GB/T 37608—2019)，以玻璃纤维芯材和气相二氧化硅芯材为例，给出两种评估真空绝热板使用寿命的方法。方法 A 的老化条件为恒温低湿(30℃，50℃，70℃，相对湿度不大于 50%)，方法 B 的老化条件为高温高湿(70℃，相对湿度大于 50%)。

(1) 方法 A：

在使用环境湿度较低（相对湿度不大于 50%）的情况下，真空绝热板中心区域导热系数的增量只考虑由干燥气体渗入引起的导热系数的增量。

先确定中心区域导热系数和真空绝热板内部压强的关系，再对真空绝热板在不同温度下进行老化试验，确定使用温度下的真空绝热板内部压强随时间的变化关系。根据中心区域导热系数的失效值对应的内部压强，评估出真空绝热板的使用寿命。

(2) 方法 B：

在使用环境的湿度较高（相对湿度大于 50%）的情况下，真空绝热板中心区域导热系数的增量可分解为水蒸气和干燥气体的渗入引起的导热系数的增量。

先确定中心区域导热系数和真空绝热板内部压强的关系，再对真空绝热板进行高温高湿老化试验，确定板内部水的质量分数随时间的变化关系和使用温度下板内部压强随老化时间的变化关系，从而确定中心区域导热系数随时间的变化关系。根据中心区域导热系数失效值评估出真空绝热板的使用寿命。

164. 影响真空绝热板使用寿命的因素有哪些？

(1) 芯材孔径越小，使用寿命越长；

(2) 膜材阻气、阻水、耐老化性能越好，使用寿命越长；

(3) 真空绝热板热封边越宽，使用寿命越长；

(4) 真空绝热板内真空度越好，使用寿命越长；

(5) 环境温度在 -40~50℃，环境温度越低使用寿命越长；

(6) 服役环境无强酸强碱，使用寿命长；

(7) 在与墙体黏合过程中，砂浆中硬质颗粒越少越小，使用寿命越长。

165. 怎样延长真空绝热板的使用寿命？

(1) 降低真空绝热板中心区域导热系数，通过提高芯材的孔隙率、适当降低芯材孔径、提高阻气隔膜的阻隔性以及提高真空绝热板的内部真空度等措施来进一步改善真空绝热板的隔热性能。

（2）根据真空绝热板外观容易被破坏进而降低内部真空度导致其失效的缺陷，可在真空绝热板外部包覆聚氨酯泡沫等材料来降低板外观被破坏的可能性。

166. 真空绝热板使用年限的定义是什么？

使用年限是指真空绝热板的导热系数符合超级保温材料定义的那段时间。例如在标准状态条件下的使用年限，是指在环境温度为 24℃ 和相对湿度为 50% 的标准条件下，板材的导热系数满足超级保温材料定义的时间。关于真空绝热板使用年限的定义，目前我国还没有国家标准，只有由生产厂家制定的企业标准或行业标准，这些标准明确提出，在温度高和湿度大的环境下真空绝热板的使用年限可能会变短；相反，在干燥和寒冷的环境下使用则可以延长其使用年限。

167. 如何衡量建筑物是否为节能型建筑？

衡量建筑物是否为节能型建筑，各地区的标准是不同的。严寒和寒冷地区的主要依据是建筑物耗热量指标，其次是围护结构的传热系数（包括墙、屋顶、地面和外窗的传热系数）。夏热冬暖和夏热冬冷地区的主要依据是建筑物耗热量指标和耗冷量指标，其次是围护结构传热系数和热惰性指标（包括墙、屋顶、地面和外窗）。建筑物耗热量指标和耗冷量指标能直接反映节能型建筑物的能耗水平，围护结构传热系数和热惰性指标能间接反映节能型建筑物的能耗水平。

168. 不同地区能耗指标的测试要求有哪些不同？

（1）严寒和寒冷地区

在采暖稳定期，建筑物耗热量指标测试要求：有效连续测试时间不少于 7d。

围护结构传热系数测试要求：建筑外窗的传热系数可采用厂家提供的检测部门的建筑外窗传热系数报告；墙、屋顶和地面的传热系数可采用热流计法和热箱法（RX-Ⅱ型传热系数检测仪）进行测试，使用超声波热量计法测试室内外空气温度、供回水温度和流量，计算建筑物耗热量指标。

（2）夏热冬暖和夏热冬冷地区

建筑物耗热量指标和耗冷量指标测试要求：如果用暖气采暖，建筑物耗热量指标按 A 法测试（建筑物外遮阳系数的计算方法）；如果用空调采暖和制冷，通过测试室内外空气温度与耗电量（耗电指数）来计算建筑物耗热量和耗冷量指标。

　　围护结构传热系数测试要求：建筑外窗的传热系数、材料的热惰性指标可采用厂家提供的检测部门的建筑外窗传热系数报告，外窗的综合遮阳系数可根据《夏热冬暖地区居住建筑节能设计标准》（JGJ 75—2012）的附录 A 进行测试；墙、屋顶和地面的传热系数测试可按 A 法测试。

第4章 真空绝热板的生产

169. 真空绝热板芯材需要满足哪些特性？

（1）较低的固相热传导；（2）优异的抗热辐射性；（3）较大的孔隙率且具有连通孔隙结构；（4）化学稳定性较高，无气体释放；（5）压缩率和回弹率较低；（6）密度小；（7）均匀分布的孔结构；（8）优异的防火和抗燃烧性；（9）无毒、可循环使用；（10）成本低；（11）含湿量足够低。

170. 复合型芯材的优势有哪些？

复合型芯材通常是指纤维与粉体复合的芯材，具体是指将不同尺寸的隔热颗粒填充在纤维堆积形成的骨架结构的气孔内，填充后纤维骨架的孔径尺寸进一步变小，芯材中气体的对流传热被进一步削弱。复合型芯材集合了不同芯材的优势，主要体现在以下三个方面：强度高，结构稳定，孔径尺寸更小，分布均匀，易达到真空状态；使用寿命高；绿色环保，无污染物排放。

171. 玻璃棉湿法芯材的生产工艺流程是怎样的？

图 4-1 为玻璃棉湿法芯材的生产工艺流程图。湿法芯材的特点在于厚度均匀，表观密度均匀，遇水不塌缩，回弹小。芯材的质量关系到真空绝热板的整体质量，所以芯材的生产控制非常重要。

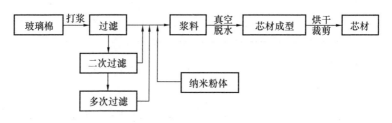

图 4-1 玻璃棉湿法芯材的生产工艺流程图

172. 玻璃棉干法芯材的生产工艺流程是怎样的？

图 4-2 为玻璃棉干法芯材的生产工艺流程图。离心棉在集棉网上形成棉毡，处于蓬松状态，然后通过高温热压，将其压缩并定型，形成较为致密的芯材。该工艺对离心棉铺层速度和均匀性有较高要求，对热压装备也有较高要求。

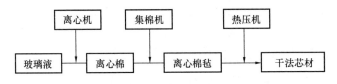

图 4-2　玻璃棉干法芯材的生产工艺流程图

173. 粉体芯材的生产工艺流程是怎样的？

图 4-3 为粉体芯材的生产工艺流程图。粉体多为气相二氧化硅粉、硅微粉、火山灰等。

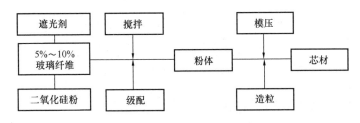

图 4-3　粉体芯材的生产工艺流程图

174. 为什么玻璃棉真空绝热板需要进行烘干处理？

水在液体状态下的密度是气体状态（水蒸气）密度的 1300 倍；液态水和水蒸气的导热系数分别是静态空气（或氮气）导热系数的 25 倍和 1.6 倍。即使真空绝热板芯材中存在少量的液态水，在高真空环境中这些液态水也会汽化成大量的水蒸气，水蒸气的存在大幅提高了真空绝热板的导热系数，因此烘干工艺十分必要。

董强硕士学位论文《VIP 纤维类芯材真空及吸附烘干工艺研究》中提出，非烘干工艺大幅度提高了生产效率，减小了烘干耗能。其前提是湿法芯材已在生产线烘干且包装完好，再添加大量 CaO 吸气剂或 $CaCl_2$ 干燥剂，用以去除残余水汽。抽真空过程中氧气、氮气等排除速度快，而高碱玻璃棉亲水性强，吸附水分子多，通过干燥剂可实现对芯材持续脱水化学固定，降低真空绝热板中的气压。

175. 异形真空绝热板的应用价值在哪些方面？

异形真空绝热板主要应用于太阳能热水器、低温液化天然气与石油气等的异形管道与热力管道，或者冷藏船舶与冷藏集装箱的低温管路。

墙面保温施工安装时在窗台弯折，以及锚固时打孔，遇到水管、燃气管等的穿孔，都能用到异形真空绝热板。

176. 异形真空绝热板类型及其成型原理是什么？

真空绝热板不仅有平板状，也有圆桶状、锥桶状，其异形件截面可能是 S 形线、"之"字形线、圆圈、矩形等。

一类是对芯材进行处理，在芯材上预先开槽、挖孔、切角，然后进行真空封装，利用大气压对真空绝热板施加的力，使板材向有槽的一面弯折，形成弧形、管形等异形真空绝热板。可设计成开槽一端宽、另一端窄，并利用槽两侧的孔隙承压差获得锥形真空绝热板。

另一类就是真空封装后再通过二次类塑性变形等处理获得异形真空绝热板。为了避免膜材损伤和芯材塌陷，此种类型通常适用于超细玻璃棉真空绝热板，且板材厚度较薄易于变形。

177. 异形真空绝热板芯材的开槽参数如何确定？

采用对芯材开槽后封装弯曲成型工艺制备弯曲异形真空绝热板时，芯材的处理工艺是最关键的一步，而关于芯材开槽时的具体工艺参数也是需要进行设计的，否则就会造成芯材损坏或者板形状不规则等问题，这里提供一种芯板开槽的工艺参数设计方法。

假设最终要制得的异形真空绝热板是内径为 r 的圆筒状真空绝热板，而该异形真空绝热板的厚度为 δ，则圆筒状真空绝热板的外径为：

$$R = r + \delta \tag{4-1}$$

外周长为：

$$C_{外} = 2 \times 3.14 \times (r + \delta) \tag{4-2}$$

内周长为：

$$C_{内} = 2 \times 3.14 \times r \tag{4-3}$$

在准备好芯材之后，在芯材内部每间隔距离 d 开一个槽，且槽道最底端与芯材外表面的距离设为 d_1，芯材上开槽的总个数设为 k，则芯材开槽孔参数的具体设计过程如下：

首先槽道的总个数 k 为：

$$k = \frac{C_{外}}{d} = \frac{2 \times 3.14 \times (r + d)}{d} \tag{4-4}$$

而槽道的宽度设为 w，则 w 为：

$$w = \frac{C_{外} - C_{内}}{k} = \frac{(C_{外} - C_{内}) \times d}{C_{外}} = \frac{\delta \times d}{r + \delta} \tag{4-5}$$

开槽的角度设为 θ，则 θ 为：

$$\theta = 2\arctan \frac{\delta \times d}{2(\delta - d_1)(r + \delta)} \tag{4-6}$$

开槽的深度设为 h，则 h 为：

$$h = \delta - d_1 \tag{4-7}$$

178. 为什么要将聚氨酯与真空绝热板复合后应用于冰箱？

聚氨酯保温隔热材料的特点是发泡速度快、充型能力强、粘结特性好。真空绝热板一般只做成规则的板状结构，不能填充复杂的边角空间，与冰箱面板刚性接触，其间有大量空气，既不能实现冰箱整体结构稳固，也不能降低冰箱内外面板间的热对流。在图 4-4 冰箱复合绝热体结构示意图中，真空绝热板粘贴在冰箱外板内表面，然后注入聚氨酯泡沫，其封闭性气孔对真空绝热板起到保护作用，且可将内外壁板粘结，从而形成牢固的夹芯结构。

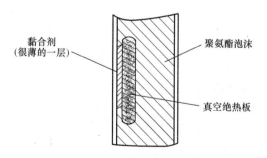

黏合剂
(很薄的一层)

聚氨酯泡沫

真空绝热板

图 4-4　冰箱复合绝热体结构示意图

179. 在冰箱壁板中真空绝热板厚度 δ_1 与总厚度 δ_2 的关系如何确定？

在复合绝热体中真空绝热板厚度 δ_1 与总厚度 δ_2 的关系如图 4-5 所示。图中每条直线都相当于一定单位面积漏热量。可以得出，真空绝热板的厚度 δ_1 与复合绝热体结构的总厚度 δ_2 呈线性关系，且 δ_1 愈小，δ_2 愈大。在同样真空绝热板厚度 δ_1 下，总厚度 δ_2 下降时隔热层中的单位面积漏热量增加。在同样的复合结

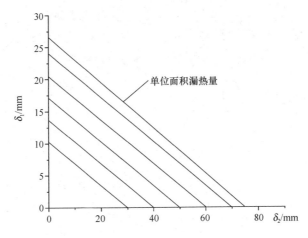

图 4-5　真空绝热板厚度 δ_1 与总厚度 δ_2 的关系

构总厚度下，真空绝热板的厚度 δ_2 下降时漏热量增加。

180. 深冷容器的设计文件应至少包括哪几项？

（1）风险评估报告，包括设计、制造及使用等阶段的主要失效模式和风险控制等；

（2）设计说明书，包括对充装介质的主要物理性质、化学性质、危险特性，混合介质的限制组分，有害杂质的限制含量要求，以及与罐体材料相容性等作出说明，还应对设计规范与标准的选择、主要设计结构的确定原则、主要设计参数的确定原则、材料的选择、安全附件的选择、仪表及装卸附件的选择、自增压器等的选用作出说明；

（3）设计计算书，包括罐体强度、刚度、外压稳定性、结构强度应力分析报告、容积、传热、安全泄放量、超压泄放装置的排放能力的计算、夹层支撑及罐体支座的强度计算等；

（4）设计图样，至少应包括总图、内容器图、管路系统图及流程图等，必要时还应提供深冷容器基础条件图；

（5）制造技术条件，包括主要制造工艺要求、检验与试验方法等；

（6）安装与使用维护说明书，包括主要技术性能参数、充装的介质特性、安全附件、仪表及装卸附件的规格和连接方式、操作说明、维护说明、使用注意事项、必要的警示性告知以及应急措施等。

181. 深冷容器内容器超压泄放装置的设计应符合哪些要求？

深冷容器内容器超压泄放装置的设计应满足以下要求：

（1）安全阀应符合《低温介质用弹簧直接载荷式安全阀》（GB/T 29026）的规定；

（2）爆破片装置应符合《爆破片安全装置　第 1 部分：基本要求》（GB/T 567.1）、《爆破片安全装置　第 2 部分：应用选择与安装》（GB/T 567.2）、《爆破片安全装置　第 3 部分：分类及安装尺寸》（GB/T 567.3）、《爆破片安全装置 第 4 部分：型式试验》（GB/T 567.4）的规定；

（3）超压泄放装置的入口管设计应符合《固定式真空绝热深冷压力容器　第 3 部分：设计》（GB/T 18442.3）的规定；

（4）储存易燃、易爆介质时，超压泄放装置的出口应装设泄放管，将排放介质引至安全地点；

（5）选用的爆破片在爆破时不应产生碎片、脱落和火花，宜采用反拱刻槽型爆破片；

（6）气体排放应畅通无阻，泄压排出的气体不应直接冲击容器和主要受力结构件；

（7）能承受容器内部的压力、可能出现的超压及包括液体冲击力在内的动载荷；

（8）出口处应防止雨水和杂物的集聚，并防止任何异物的进入；

（9）应考虑超压泄放装置的入口压降和出口背压的影响。

182. 深冷容器的气密性试验应符合哪几项规定？

深冷容器耐压试验合格后，将所有安全附件、仪表、装卸附件安装齐全后进行气密性试验。进行气密性试验时，应符合下列规定：

（1）试验用气体应为干燥、洁净的空气、氮气或其他惰性气体；

（2）试验时，压力应缓慢上升，达到规定的试验压力后保压足够长的时间，同时检查罐体所有的焊接接头和各阀件、仪表及其连接面，无泄漏为合格；

（3）如有泄漏，应在修补后进行试验。

183. 铝塑膜热封过程有哪几步？

真空绝热板的膜材热封过程主要经历四个微结构变化过程，如图 4-6 所示。

（1）表面接触。在压力作用下，两片熔融的聚合物之间的空气被逐渐排出，聚合物表面发生分子水平的接触。

（2）润湿。两片熔融的聚合物在表面张力的作用下，产生润湿。此阶段发生后，热封试样开始具有一定的热合强度。

（3）扩散。两片聚合物熔体中的高分子相互扩散，跨过两层材料间的界面，相互渗透到对方的区域，使原本的界面逐渐消失。

（4）随机化。高分子链的扩散运动除了产生垂直于界面的位移外，由于链段的无规则运动，还产生分子链构象的转变。这使得高分子链与其他链之间产生勾连和缠结，增加了热合强度。

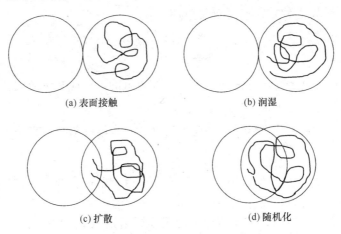

(a) 表面接触   (b) 润湿

(c) 扩散   (d) 随机化

图 4-6 真空绝热板的膜材热封过程微结构变化

184. 真空绝热板的生产工艺流程是怎样的？

图 4-7 为真空绝热板的生产工艺流程图。首先准备好烘干的芯材和膜材，将芯材装入隔气隔热阻燃袋，平放于真空封装机中，在袋子上压板避免封装不均匀，将平热封口上下两层膜，然后放下真空室盖，抽真空将盖子压实，加热热封金属条，并将热传导到封口铝塑膜内层 PE 层，保持一定时间，PE 层熔融复合，断电降温，缓慢放气进真空室，缓慢起开盖子，可获得真空绝热板产品。

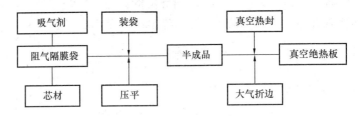

图 4-7 真空绝热板的生产工艺流程图

真空封装工艺条件为：扩散泵温度 260～280℃，真空度 0.1～0.01Pa，抽真空时间 3～6min，封口热压时间 6～11s，封口压力 5kg，封口电压 38～48V。

185. 真空绝热板生产中的关键注意事项有哪些？

（1）生产过程中真空度是影响熔融封装的重要因素，直接影响到真空绝热板的寿命和可靠性，因此在真空绝热板生产过程中，保持良好的真空条件十分重要。

（2）真空绝热板膜材和芯材在储存和搬运过程中，一定要保持清洁，决不允许用手直接触摸，以防汗渍和油污玷污零件使放气量增加，延长排气时间。车间工作人员一定要穿清洁的工作服和鞋，并戴口罩，防止唾液溅射到芯材上。

（3）真空系统排气质量关系到真空绝热板的绝热性能和使用寿命，因而对排气系统要进行严格的质量管理。排气过程中要对真空度进行严格的监测，真空计要定期校验，并设质量控制点，认真做好各项记录。

（4）封装后芯材缓慢放气是影响真空绝热板真空度的主要因素，为降低芯材发气量，除选择合适的烘干工艺外，还要合理地选用吸气剂。吸气剂的作用是吸收真空绝热板内表面及芯材释放出的气体，以维持真空绝热板中的超低压状态。

186. 真空绝热板生产工艺中有哪些质量控制点？

质量控制点 1：检查原材料配比成分标准，配比成分是否达标。

质量控制点 2：检查芯材厚度标准，芯材厚度是否达标，芯材是否干燥。

质量控制点 3：检查封口质量，封口是否平整。

质量控制点 4：在线抽检真空绝热板导热系数是否达标。

质量控制点 5：老化 7d 后检测真空绝热板导热系数，标定导热系数是否达标。

质量控制点 6：检查成品真空绝热板外观质量、包装、标签放置等是否正确，合格品入库。

187. 真空绝热板的热封强度要求是多少？

热封强度应大于或等于 30N/15mm。测试按照《铝箔试验方法 第 7 部分：热封强度的测定》（GB/T 22638.7—2016）进行。表 4-1 是真空绝热板和真空绝热板的阻气隔膜封边强度。

表 4-1　真空绝热板和真空绝热板的阻气隔膜封边强度

封边处	编号	强度/N	图片
原袋子封口处	1	53	

封边处	编号	强度/N	图片
	2	52	
原袋子封口处	3	52	
	4	37	
	5	48	
	6	38	
	7	41	
二次封口处	8	40	
	9	33	
	10	42	

续表

封边处	编号	强度/N	图片
	11	61	
	12	62	
真空机器封口处	13	57	
	14	63	
	15	63	
	16	70	
	17	110	
	18	109	
大型热封机器对真空绝热板膜的热封强度	19	112	
	20	109	
	21	108	

注：加载速度为 100mm/min；试样尺寸宽度为 15mm。

188. 真空绝热板在哪些情况下应进行型式检验?

依据《真空绝热板》(GB/T 37608—2019)要求,有下列情况之一时,应进行型式检验:

(1) 新产品定型鉴定;

(2) 正式生产后,原材料、工艺有较大的改变,可能影响产品性能时;

(3) 正常生产时,每年至少进行一次;

(4) 出厂检验结果与上次型式检验结果有较大差异时;

(5) 国家质量监督机构提出型式检验要求时。

189. 真空绝热板型式检验的抽验方案是什么?

依据《真空绝热板》(GB/T 37608—2019)要求,真空绝热板型式检验的抽验方案如下:

以同一原料、同一生产工艺、同一品种,稳定连续生产的产品为一个检查批。建筑用真空绝热板每 4000m² 为一批,不足 4000m² 视为一批;家用电器真空绝热板每 1000m² 为一批,不足 1000m² 视为一批。

单位产品应从出厂检验的合格批中随机抽取。所有的单位产品被认为是质量相同的。样品数量应满足试验需求。

第5章 真空绝热板的应用

190. 真空绝热板在低温液体贮槽领域怎样应用？

在贮槽的围护结构上敷设真空绝热板可大大减少贮槽的漏热量，防止低温液体的汽化，不仅可实现节能减排，还能为低温液体的连续生产、长期贮存和长途运输提供安全保障。例如，液化天然气（Liquefied Natural Gas，LNG）的输送温度仅为−163℃，体积仅为气态天然气的1/600。一旦LNG在装卸过程中因为温度升高而发生汽化，将对装卸设备、附近人员和环境造成极高的风险。采用高性能的真空绝热板作为LNG管道的绝热层不仅可大大减少外层管壁的直径和管道的质量，还可减少中间冷却站的数量，从而降低管道的投资费用和单位输量的运行管理费用。

191. 冰箱用真空绝热板和建筑用真空绝热板的区别是什么？

冰箱用真空绝热板主要是指使用在冰箱等可移动冷藏冷冻设备与系统的真空绝热板。其主要功能是冷藏、冷冻节能，增加空间；主要以超细玻璃棉为芯材，以铝塑膜为封装材料，以15年为寿命期限。

建筑用真空绝热板主要是指使用在建筑物等固定设施上的真空绝热板，表面有无机纤维布，可防火、阻燃、耐砂浆磨削。其主要功能是保温隔热节能，同时能减少2%～5%建筑容积率，增加3%～5%得房率；主要以气相二氧化硅粉体为芯材，以铝塑膜＋玻纤布为封装材料，以25年为寿命期限，有些要求与建筑同寿命。

192. 真空绝热板在冰箱中有哪些应用方式？

（1）直接粘贴在冰箱侧板内表面，因其超薄，不改变冰箱的内部结构和设计，直接应用在冰箱的门体和箱体上即可起到节能降耗的作用。

（2）在保证冰箱能耗不变的情况下，增大冰箱的内容积，从而降低单位容积耗电量，改变内部管路和内胆，并且改造冰箱结构，成本较高。

193. 真空绝热板主要应用在冰箱中的哪些部位?

应尽可能将真空绝热板使用在热损失严重、温差较大的地方(如冷冻室等)。冰箱的冷藏室与冷冻室采用的隔热方式不同。冷冻室的绝热要求更高,因此采用真空绝热板与聚氨酯的复合绝热体结构。而冷藏室室内外温差相对冷冻室较小,因此采用聚氨酯绝热材料即可。压缩机部位尺寸小,用两块真空绝热板过于浪费,做成"L"形状成本又太高,因此此处不采用真空绝热板。

194. 为什么要在冰箱中采用聚氨酯/真空绝热板复合绝热体结构?

(1)冰箱整体强度和刚度的需要。聚氨酯不仅能起到隔热的作用,而且能通过发泡充分充填在冰箱内外层空间,因其黏性把内外层及夹层中的元器件、电线粘结紧致,使冰箱可整体移动且不发生异常响动。

(2)冰箱高效保温的需要。真空绝热板有一定刚度,不易弯折,弯折也会影响其性能,因此不能在目前的冰箱中独立使用。真空绝热板与冰箱侧板粘结,总会在粘结处留下孔隙,造成气体对流,影响其绝热性能。通过聚氨酯发泡,将真空绝热板封装在内外层间隙中,一方面将大的孔隙填充,避免空气对流;另一方面对真空绝热板起到保护作用,避免其因晃动、碰撞而受损。

195. 真空绝热板在冰箱中的应用效果如何?

《真空隔热技术在冰箱生产中的应用研究技术报告》中指出,当真空绝热板覆盖率为 50% 时,能耗降低 12%;当覆盖率为 60% 时,能耗降低可达 20%。

冰箱能耗的降低与真空绝热板的覆盖率密切相关。随着欧洲对冰箱节能要求的逐步提高,以前冰箱门不贴真空绝热板,现在也要争取全包裹,在冰箱的左右侧板、后侧板,以及前门、抽屉上若都采用真空绝热板,覆盖率可达 80%~85%。即使对一些消费展示类冰箱冰柜,透明的门、盖现在都采用双层玻璃的真空绝热板,以尽可能减少漏热。

196. 真空绝热板在白色家电应用中的热桥效应如何处理?

真空绝热板热桥的影响因素主要包括表面隔膜的铝箔与聚氨酯的结合方式、内部芯材的导热系数、真空绝热板和表面隔膜的厚度、真空绝热板规格和真空绝热板边界热封形式。真空绝热板良好的绝热特性主要取决于内部芯材的绝热特性,随着内部芯材热导率的降低,真空绝热板整体导热系数减小。

真空绝热板在白色家电中应用时,热桥的线性导热系数随着表面隔膜厚度的增加而逐渐增大，随着绝热板厚度的增加而逐渐减小。

有热封的真空绝热板热桥导热系数约为无热封的两倍，而且真空绝热板热桥导热系数随着表面隔膜厚度与热封边界厚度比值的增大而减小。当 ϕ 值一定时，热封边界热封型式对热桥导热系数大小也会产生很大的影响。

真空绝热板规格增大一倍，热桥的导热系数相应减少一半。而且随着绝热板规格的增大，真空绝热板的热桥导热系数受绝热板气隙间距的影响减小。

为减小真空绝热板在白色家电应用中的热桥，常采用聚氨酯发泡进行固定，且填充真空绝热板与白色家电侧板之间的间隙，尽可能避免热桥效应。

197. 真空绝热板在冰箱中应用有哪些注意事项？

冰箱有许多需要用到螺钉定位的地方，因此安装真空绝热板要注意避开螺钉，如果螺钉将真空绝热板打穿，就会严重破坏其真空度，从而影响其保温隔热效果。根据冰箱的装配特点，需要注意以下几方面：

（1）注意冷凝器装配的影响；

（2）如有可能要更改管路走向，以便更好使用真空绝热板，增大真空绝热板覆盖率，降低能耗；

（3）顶盖装配需让开真空绝热板位置配打孔；

（4）感温头固定螺钉需改为短的；

（5）温控器固定螺钉需改为短的。

198. 真空绝热板应用于管道保温需注意哪些要点？

真空绝热板应用于管道保温，因两者都是刚性结构，贴合效果较差，或者管道表面有硬质尖锐颗粒，会刺破真空绝热板，所以将真空绝热板直接应用于管道保温需要注意以下要点：

（1）选择圆筒形或仿管道形真空绝热板；

（2）圆形真空绝热板内侧垫超细玻璃棉，与管道紧贴；

（3）圆形真空绝热板裹好后外包玻纤网格布紧固；

（4）网格布外施加饰面层；

（5）管道表面要抛光检查，不能有尖锐刺、颗粒；

（6）将真空绝热板做成一体化板，与聚氨酯复合形成固定形状，直接与管道嵌套；或者与硅橡胶复合形成柔性形状，与管道包裹。

199. 真空绝热板应用于热力管道需要进行哪些处理？

热力管网又称热力管道，从锅炉房、直燃机房、供热中心等出发，从热源通往建筑物热力入口的多个供热管道形成管网。供热热水介质设计压力小于或等于 2.5MPa，设计温度小于或等于 200℃；供热蒸汽介质设计压力小于或等于 1.6MPa，设计温度小于或等于 350℃。

真空绝热板封装膜为铝塑膜，难以承受高温，即使是带有玻璃纤维布的建筑用真空绝热板也不能长期在高温下服役。以铝塑膜为原料的真空绝热板长期服役温度为 −40～50℃，在 50℃ 以上因塑料老化而逐渐失效。要将真空绝热板应用于热力管道，首先要对管道进行隔热处理，然后才能安装真空绝热板。

热力管道和真空绝热板之间一般应包含防腐层、保温层和防潮层三部分，其中防腐层用以减缓在使用寿命期限内的不锈钢管道外层生锈，一般采用防锈漆处理；保温层一般为岩棉、玻璃纤维毡等，主要起到防护作用；防潮层一般为沥青玻璃布。

200. 圆筒形真空绝热板应用于热力管道保温时保温效果如何？

真空绝热板与传统玻璃棉复合后应用于热力管道保温，其保温效果比只用普通保温材料岩棉的管道保温效果更显著。

为避免真空绝热板高温老化，真空绝热板敷设在最外层比敷设在内层的保温效果要好。同时，其保温效果也与管道内水速有关，当热力管道内水流处于层流时，水流速越大，管道保温效果越好；在水流处于湍流的情况下，水流速较低时，水流速越高，保温效果越好，但当水流速增大到某一程度时，换热增大，保温效果反而降低。

201. 固定式真空绝热深冷容器主要由哪几部分组成？

《低温绝热压力容器》（GB/T 18442—2016）中规定的深冷容器包括罐体、管路、安全附件、仪表、装卸附件、支座、自增压器以及汽化器等。

202. 《低温绝热压力容器》（GB/T 18442—2016）规定的深冷容器需要同时满足哪些条件？

《低温绝热压力容器》（GB/T 18442—2016）中规定，深冷容器需要满足以下条件：

（1）内容器工作压力不小于 0.1MPa，几何容积不小于 $1m^3$；

（2）绝热方式为真空粉末绝热、真空复合绝热以及高真空多层绝热；

（3）储存介质为标准沸点不低于－196 ℃的冷冻液化气体。

203. 西晒外墙是否可以不再西晒？

朝西的墙面在夏日午后可能会遭受长时间曝晒，因水泥墙蓄热系数大，从而吸收大量热量，太阳下山后室外气温下降，墙体成为新的热源，不断释放出大量热能，会使得屋内异常闷热，这就是通常所说的西晒。朝西的方位是无法通过人力改变的，它在夏日午后异常闷热的主要原因是墙体保温性能差。

解决西晒的有效办法是加强外墙的保温隔热，采用真空绝热板敷贴西晒外墙，阻隔太阳热能，抑制墙体吸热升温，当太阳落山，外界空气降温后，西晒墙体就不会成为新的热源再次放热。西晒外墙面的真空绝热板厚度可选择较大的厚度，厚度比常用规格增加 10％～25％。西晒外墙表面施加真空绝热板外墙外保温系统后将不再西晒。

对于未实施外墙外保温或外墙外保温效果差的旧有建筑，尤其是家庭住宅，可通过在西晒外墙内表面安装真空绝热板来解决西晒问题。外墙内表面安装真空绝热板的工艺流程与外墙外保温一致，也可以简化实施，比如直接挂装在墙面上，既简洁又美观。由于西晒外墙已经成为新的热源，因而在内墙安装真空绝热板时尤其要注意真空绝热板接缝，利用热辐射的直线特征，采用搭接方式，把热辐射遮挡屏蔽。由于西晒墙与北墙、南墙联通，热量可在其中传递，因而靠近墙角的北墙、南墙表面最好也能施加 50cm 宽的真空绝热板，以阻止西墙临近墙的热辐射。

204. 什么是女儿墙？

女儿墙是指建筑物屋顶外围的矮墙，除维护安全外，亦会在底处作为防水压砖收头，以避免防水层渗水，或是屋顶雨水漫流。依建筑技术规则规定，女儿墙被视作栏杆的作用，若建筑物在 10 层楼以上，其高度不得小于 1.2m；而为避免业主刻意加高女儿墙，方便以后搭盖违章建筑，亦规定高度最高不得超过 1.5m。

上人的女儿墙的作用是保护人员的安全，并对建筑立面起装饰作用。不上人的女儿墙的作用除立面装饰外，还可固定油毡。

205. 什么是阴阳角？

阴阳角是建筑构造术语。墙面阴角指的是凹进去的墙角，如顶面与四周墙壁的夹角。墙面阳角指的是凸出来的墙角。

206. 谁"偷"了我的电费？

当环保节能已经成为一个世界性的课题，当"管理好自己的每一分钱"已经成为所有追求品质生活人士的消费观，你的住所却有一个无情的小偷在不知不觉中浪费能源和你的金钱。夏天，打开空调，冷气密度大而沉在地板上，透过地面向下沉降，楼下的房间便因此受益，温度降低；冬天，暖气密度减小而浮在天花板上，热量透过天花板上升，楼上的房间也因此受益，温度升高。电费账单由你自己支出，却有一部分"不情不愿"地花在了蓄热系数大的水泥墙上。假设一户居民的住房面积为 100m²，墙体厚度为 20cm，窗户除外，墙面、地面面积之和约为 320m²。假设北方冬季室外温度为 -10℃，室内空调调节温度为 20℃，住户冬天空调运行时间为 15 h。根据建筑热功计算公式，单位时间内平面墙壁单位面积散热量为：

$$q = \frac{t_1 - t_2}{R_{总}} \tag{5-1}$$

$$R_{总} = R_w + R_o + R_i \tag{5-2}$$

$$R_w = d/\lambda \tag{5-3}$$

式中　$R_{总}$——墙体总换热热阻，单位为 m² · K/W；

　　　R_w——墙体换热热阻，单位为 m² · K/W；

　　　R_i——墙体内表面换热热阻，单位为 m² · K/W；

　　　R_o——墙体外表面换热热阻，单位为 m² · K/W；

　　　t_1——室内温度，单位为℃；

　　　t_2——室外温度，单位为℃；

　　　d——墙体厚度，单位为 m；

　　　λ——墙体导热系数，单位为 W/(m · K)。

R_i 和 R_o 可由设计规范查得，其中 R_i 取 0.11m² · K/W，冬夏季的外表面换热热阻 R_o 统一取 0.05m² · K/W，而普通墙体的导热系数约为 0.06W/(m · K)。根据公式计算可得，单位时间单位面积墙体散热量 $q_1 = 0.0087$kW/m²，则 320m² 墙体面积 15h 消耗电量为 0.0087kW/m²×320m²×15h≈42kW · h。

若使用真空绝热板，导热系数约为 0.008W/(m · K)，由于其绝热性能非常优异，可近似看成是完全绝热材料。对于真空绝热板外保温墙，将室内温度从 -10℃提高到 20℃所需要的能量为墙体从 -10℃提高到 20℃所需要的能量与空气从 -10℃提高到 20℃所需要的能量之和；对于真空绝热板内保温墙，将室内温度从 -10℃提高到 20℃所需要的能量为空气从 -10℃提高到 20℃所需要的能量。根据公式进行计算。其中，$c_{空气}=1000\text{J/(kg·K)}$，$c_{墙体}=500\text{J/(kg·K)}$，$\rho_{空气}=1.293\text{kg/m}^3$，$\rho_{墙体}=1.0\times10^3\text{kg/m}^3$。预估 $V_{空气}=300\text{m}^3$，$V_{墙体}=64\text{m}^3$。得到使用真空绝热板内保温墙时需要 3.2 度电，而使用真空绝热板外保温墙时需要消耗 30 度电。可见，采用真空绝热板内保温墙节能的效果尤其明显。以现在江苏省民用电费均价 0.52 元/(kW·h) 计算，真空绝热板内保温墙每天节约 20 元，每个冬季节省近 2000 元，工业用电节约成本将更加可观。

经过数据分析得出，是蓄热系数大的墙体偷走了你的电费。采用不同保温材料室内外温差不同时的空调能耗见表 5-1。由表 5-1 可见内保温的节能效果是外保温的 10 倍。

表 5-1 采用不同保温材料室内外温差不同时的空调能耗

室内外温差/℃	保温方法		
	采用普通基层墙体的空调能耗/(kW·h)	采用真空绝热板外保温墙的空调能耗/(kW·h)	采用真空绝热板内保温墙的空调能耗/(kW·h)
5	7	5	0.53
10	14	10	1.06
15	21	15	1.59
20	28	20	2.12
22	30.8	22	2.35
24	33.6	24	2.57
26	36.4	26	2.78
28	39.2	28	2.99
30	42	30	3.20
32	44.8	32	3.41
34	47.6	34	3.63
36	50.4	36	3.84
38	53.6	38	4.06
40	56	40	4.27

207. 建筑保温综合处理的基本原则是什么？

(1) 充分利用可再生能源。可再生能源包括太阳能和地热能等。在建筑保温设计中，对太阳能的利用主要是对太阳辐射热的吸收和太阳辐射热的蓄积。

(2) 防止冷风的不利影响。应争取不使大面积外表面朝向冬季主导风向，当受条件限制而不可能避开主导风向时，亦应在迎风面上尽量少开门窗或其他开口，建筑的主要入口尽量不要朝向冬季主导风向。

（3）合理进行建筑规划设计。应从建筑地址、分区、建筑和道路布局走向、建筑朝向、建筑体系、建筑间距、冬季主导风向、太阳辐射、建筑外部空间环境构成等方面综合处理。

（4）建筑物宜布置在避风、向阳地段，不宜布置在山谷、洼地、沟底等凹地里，建筑物朝向宜采用南北向或接近南北向。

（5）对采暖地区的建筑，外表面尽量避免过多的凹凸，居住建筑的体形系数宜控制在 0.30 及以下；若体形系数大于 0.30，则屋顶和外墙应加强保温。公共建筑的体形系数应小于或等于 0.40。

（6）夏热冬冷地区的条式建筑物的体形系数不应超过 0.35，点式建筑物的体形系数不应超过 0.40。

（7）夏热冬冷地区的北区内，单元式、通廊式住宅的体形系数不宜超过 0.35，塔式（或点式）住宅的体形系数不宜超过 0.40。

208. 针对不同的老旧建筑如何选择绝热材料种类及厚度进行节能改造？

20 世纪 90 年代以前，北方采暖区建造的老旧建筑围护结构缺乏有效的绝热设计，传热系数在 $2W/(m^2 \cdot K)$ 左右，需采用不同种类及厚度的绝热材料对建筑外墙进行节能改造，图 5-1 为典型的北方外墙保温结构示意图。

每年供热能量消耗是评价围护结构优劣的重要指标之一，基于热度日进行围护结构热负荷计算是一个非常有效的评价方法。热度日即为日平均气温低于某一基准温度的温度与这一基准温度的累加值 pl：

$$HDD = \Sigma_{\text{days}} (T_b - T_0)^+ \quad (5\text{-}4)$$

式中　HDD——热度日，单位为 ℃ · d；

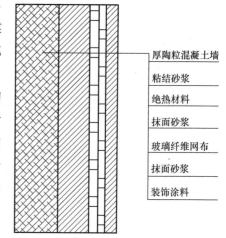

厚陶粒混凝土墙

粘结砂浆

绝热材料

抹面砂浆

玻璃纤维网布

抹面砂浆

装饰涂料

图 5-1　典型的北方外墙保温结构示意图

　　　　T_b——基准温度，单位为 ℃；

　　　　T_0——室外日平均温度，单位为 ℃；

　　　　+——只取正值。

以北京地区为例，基准温度按气相资料取 18 ℃，年热量损耗 Q_A 为：

$$Q_A = 24 \times 3600 \times HDD \times U \quad (5\text{-}5)$$

式中　U——墙体传热系数，单位为 W/(m² · K)；

墙体热损耗的能耗计算：

$$E_A = \frac{24 \times 3600 \times HDD \times U}{\eta} \tag{5-6}$$

式中　η——热效率；

墙体传热系数 U 是总热阻的倒数，总热阻包含了内部对流热阻、墙体热阻和外部对流热阻；

$$U = \frac{1}{R} = \frac{1}{R_i + R_w + R_o} = \frac{1}{\dfrac{1}{U_i} + R_w + \dfrac{1}{U_o}} \tag{5-7}$$

式中　U_i——墙体内表面传热系数，单位为 W/(m² · K)；

　　　U_o——墙体外表面传热系数，单位为 W/(m² · K)。

墙体热阻 R_w 为：

$$R_w = R_t + R_j + R_w = \frac{\delta_t}{\lambda_t} + \frac{\delta_j}{\lambda_j} + \frac{\delta_w}{\lambda_m} \tag{5-8}$$

式中　δ——各种墙体材料的厚度，单位为 m；

　　　λ——各种墙体的导热系数，单位为 W/(m · K)；

　t，j，m——分别为陶粒混凝土、绝热材料和抹面砂浆。

绝热材料分别选用真空绝热板、聚苯乙烯泡沫、聚氨酯和岩棉，其导热系数分别为 λ_V、λ_E、λ_P、λ_Y，计算所用材料的参数见表 5-2，能耗如图 5-2 所示。

表 5-2　计算参数

计算参数	计算值	计算参数	计算值
$HDD/(℃ · d)$	3100	$\lambda_Y/[W/(m · K)]$	0.039
$U_i/[W/(m^2 · K)]$	7	$\lambda_V/[W/(m · K)]$	0.008
$U_o/[W/(m^2 · K)]$	25	$\lambda_E/[W/(m · K)]$	0.031
δ_t/mm	180	$\lambda_P/[W/(m · K)]$	0.023
δ_m/mm	6	η	0.65
$\lambda/[W/(m · K)]$	1.7	$T_b/℃$	18
$\lambda_m/[W/(m · K)]$	1.4	—	—

由图 5-2 可见，不同绝热材料的能耗相差较大，其中真空绝热板的能耗最低，使用 30mm 厚的真空绝热板作为绝热层的墙体，其能耗仅为 31kW · h/(m² · 年)，相当于 80mm 的聚苯乙烯泡沫、100mm 的聚氨酯泡沫和 120mm 的岩棉的能耗。而采用 100mm 厚的聚苯乙烯泡沫作为绝热层时，可以达到 65％的节能标准，用 30mm 的真空绝热板足以满足要求。如果将真空绝热板应用于内保温，可以大幅

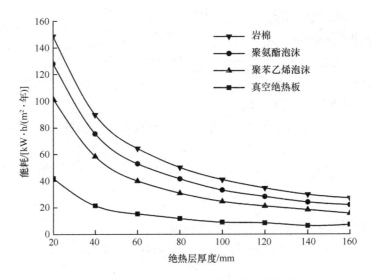

图 5-2 绝热层厚度对不同绝热材料能耗的影响

提升室内环境的舒适性。此外，由于真空绝热板的膜材较脆弱，在实际应用时一般采用其他绝热材料作为保护层，如果在真空绝热板的两侧面各贴 10mm 的聚苯乙烯泡沫或聚氨酯泡沫作为保护层，那么真空绝热板的厚度还可以进一步降低。

209. 根据不同地区的节能要求计算保温材料厚度的方法有哪些？

如果要求节能 65%，则需要满足传热系数 $K \leqslant 0.60 \mathrm{W}/(\mathrm{m}^2 \cdot \mathrm{K})$，传热系数和热阻之间的关系式为：

$$K = \frac{1}{R_i + R_o + R_{in} + R_w}$$ (5-9)

式中　R_i 和 R_o——墙体内外表面换热热阻，单位为 $\mathrm{m}^2 \cdot \mathrm{K}/\mathrm{W}$。

由设计规范可查得，R_i 取 $0.11\mathrm{m}^2 \cdot \mathrm{K}/\mathrm{W}$；冬夏季的外表面换热热阻 R_o 统一取 $0.05\mathrm{m}^2 \cdot \mathrm{K}/\mathrm{W}$；$R_w$ 为基层墙体热阻，由基层墙体的导热系数和厚度决定，取 $1.00\mathrm{m}^2 \cdot \mathrm{K}/\mathrm{W}$；$R_{in}$ 为保温材料热阻，计算公式如下：

$$R_{in} = \frac{\delta}{\lambda}$$ (5-10)

式中　δ——保温材料厚度，单位为 m；

　　　λ——保温材料的导热系数，单位为 $\mathrm{W}/(\mathrm{m} \cdot \mathrm{K})$。

根据不同地区 R_i、R_w、R_o 的取值，可计算出所需的保温材料厚度。

210. 真空绝热板应用于旧房节能改造时有哪些优势？

（1）能显著提升旧房的节能效率，增加冬冷夏热地区室内舒适度；

（2）用作外墙保温，与传统材料相比，不显著提高容积率，小区环境更舒适；

（3）古建筑常用作内墙保温，不显著降低有效使用面积，对原有结构保护性好；

（4）民用建筑用作室内保温，真空绝热板仅类似于腻子、装饰板、瓷砖的厚度，不影响实际使用面积。

（5）真空绝热板有良好的隔声、吸声性能，室内安静度大幅提升；

（6）真空绝热板无挥发性气体，绿色环保。

211. 外墙外保温、外墙内保温和外墙自保温的含义是什么？

建筑体的外墙墙体是室内和室外热量传递的主要传热介质，外墙体有两个面，与外部环境接触的面是外墙面，与室内环境接触的面是内墙面。

把保温系统附加在外墙面的做法称为外墙外保温。

把保温系统附加在内墙面的做法称为外墙内保温。

利用墙体建筑材料自身导热性能差或利用特殊的墙体建筑结构（如中空结构，空气是热的不良导体）来达到保温隔热的效果，而没有任何附加在墙体内外表面的保温措施称为外墙自保温，也称为夹芯保温。

212. EPS 与真空绝热板应用于外墙外保温对比如何？

EPS 与真空绝热板（VIP）应用于外墙外保温的差别见表 5-3。

表 5-3　EPS 与真空绝热板应用于外墙外保温的差别

材料/规格	外墙外保温		
EPS/50～150mm	提高容积率 降低使用面积	易燃 危险
VIP/7～15mm	不显著提高容积率 提高使用面积	不燃 安全

213. 真空绝热板应用于外墙外保温和外墙内保温的优缺点有哪些？

真空绝热板应用于外墙外保温和外墙内保温的优缺点见表 5-4。

表 5-4　真空绝热板应用于外墙外保温和外墙内保温的优缺点

应用方式	优点	缺点	节能效果	舒适度	换季感冒指数
外墙外保温	建筑易施工，且室内易装修	占用建筑面积，取暖或制冷时，整个建筑物吸收大部分能量，耗能仍然大	30%	一般	高
外墙内保温	装修时不能在墙面随处开孔	只需要对室内空气加热制冷，空调工作时间短	80%	良	低

214. 我国真空绝热板外墙保温系统有哪几种？

（1）传统的薄抹灰系统，包括基体、粘结砂浆、界面剂、真空绝热板、锚固件、抹面胶浆、耐碱玻纤网格布、饰面层（可选涂料或瓷砖）等组成，2020 年以来已受到各地方政策的抑制。

（2）保温装饰一体化系统，包括基体、粘结砂浆、保温装饰一体化真空绝热板。保温装饰一体板通常是工厂预制的薄抹灰系统。

（3）干挂真空绝热板系统，是以真空绝热板与铝扣板、石材、泡沫陶瓷复合材料形成的具有一定结构硬度和强度的整体结构，通过传统干挂形式直接取代铝扣板、石材、泡沫陶瓷。

215. 建筑用真空绝热板有哪些规格？

根据行业标准《建筑用真空绝热板》（JG/T 438—2014），其规格如下：

长度（mm）：300，400，500，600；

宽度（mm）：200，250，300，400，500，600；

厚度（mm）：7，10，13，15，17，20，25，30。

注：长度、宽度、厚度均不包含建筑用真空绝热板的封边部分。

216.《建筑用真空绝热板》（JG/T 438—2014）规定的真空绝热板误差是多少？

《建筑用真空绝热板》（JG/T 438—2014）规定的真空绝热板误差见表 5-5。

表 5-5　《建筑用真空绝热板》（JG/T 438—2014）规定的真空绝热板误差　　（mm）

项目	允许偏差
厚度<15	+2 0

续表

项目	允许偏差
厚度≥15	+3 0
长度	±10
宽度	±10
表面平整度	2

217.《真空绝热板》(GB/T 37608—2019)规定的真空绝热板误差是多少?

《真空绝热板》(GB/T 37608—2019)规定的真空绝热板误差见表 5-6。

表 5-6　《真空绝热板》(GB/T 37608—2019)规定的真空绝热板误差　　(mm)

项目	规格	允许偏差
长度	≤600	+3 −3
	600~1500	+5 −5
	>1500	+8 −8
宽度	≤600	+3 −3
	600~1500	+5 −5
	>1500	+8 −8
厚度	≤10	+3 −3
	10~20	+5 −5
	>20	+8 −8

218.《真空绝热板》(GB/T 37608—2019)规定的真空绝热板的翘曲和对角线差是多少?

《真空绝热板》(GB/T 37608—2019)规定的真空绝热板的翘曲和对角线差见表 5-7。

表 5-7 《真空绝热板》（GB/T 37608—2019）规定的真空绝热板的翘曲和对角线差

项目	规格	指标
翘曲	厚度≤10mm	≤5mm
	厚度＞10mm	≤3mm
对角线差	长度≤1500mm	≤5mm
	长度＞1500mm	≤10mm

219. 真空绝热板在屋面保温系统中的应用有哪几种方式？

真空绝热板可应用于正置式屋面保温系统、倒置式屋面保温系统、正置式坡屋面保温系统和倒置式坡屋面保温系统，结构如图 5-3～图 5-6 所示。

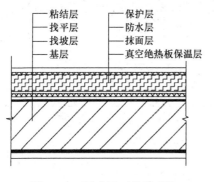
图 5-3 正置式屋面保温系统

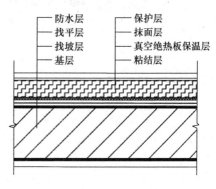
图 5-4 倒置式屋面保温系统

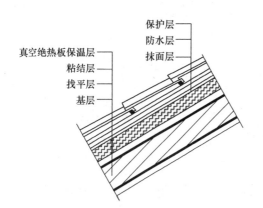
图 5-5 正置式坡屋面保温系统

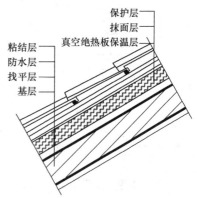
图 5-6 倒置式坡屋面保温系统

220. 真空绝热板外墙外保温系统由哪几部分组成?

图 5-7 为真空绝热板外墙外保温系统局部图，从图中可见外墙外保温系统包括固定层、保温层、增强层和饰面层。固定层的作用是把真空绝热板与基层墙体粘结在一起；保温层为带有孔的真空绝热板，该孔是产品预制孔，用于楔入锚栓；增强层中压入耐碱玻纤网格布，其作用在于保证饰面层不产生裂纹，对整个保温层进行加固，避免个别真空绝热板凸起或粘结失效引起系统失效；饰面层包括柔性腻子、外墙涂料或面砖等。

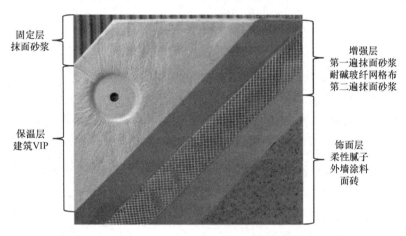

图 5-7　真空绝热板外墙外保温系统局部图

221. 常见的真空绝热板墙体保温系统有哪几类?

真空绝热板在墙体上的应用主要是利用其优异的热绝缘性能，使得外墙体具有良好的保温隔热性能，降低建筑围护结构的传热系数，达到保温节能的效果。真空绝热板墙体保温系统主要包括：（1）真空绝热板外墙外保温系统；（2）真空绝热板外墙内保温系统；（3）真空绝热板外墙夹芯保温系统。

（1）真空绝热板外墙外保温系统

外墙外保温系统是将保温层设在外墙外表面，起到保护外墙并降低导热的作用。薄抹灰外墙外保温系统由粘结层、真空绝热板保温层、薄抹面层和饰面层组成，真空绝热板采用粘结砂浆粘贴固定在基层墙体上，薄抹面层中压入玻纤网格布，饰面层采用涂料和饰面砂浆等。薄抹灰外墙外保温系统构造如图 5-8 所示。

（2）真空绝热板外墙内保温系统

外墙内保温系统是在外墙结构内部安置保温层，以达到保温效果。外墙内侧

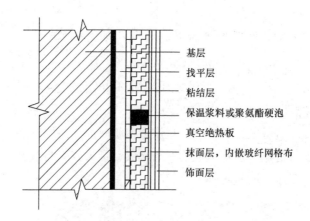

图 5-8　薄抹灰外墙外保温系统构造

通常使用苯板或保温砂浆等相关保温物料，与外墙外保温方式相比，内保温方式的施工速度更快，建筑企业的技术掌握更为成熟。外墙内保温系统根据构造不同可分为薄抹灰外墙内保温系统和龙骨面板外墙内保温系统。薄抹灰外墙内保温系统由粘结层、真空绝热板保温层、薄抹面层和饰面层组成。真空绝热板采用粘结砂浆或粘结石膏粘贴固定在基层墙体上，薄抹面层中压入玻纤网格布，饰面层采用涂料、墙纸或墙布等。薄抹灰外墙内保温系统如图 5-9 所示。

　　龙骨面板外墙内保温系统构造由粘结层、真空绝热板保温层、龙骨固定件、防护面板和饰面层组成。真空绝热板采用粘结砂浆或粘结石膏粘贴固定在基层上，防护面板为纸面石膏板、无石棉硅酸钙或无石棉纤维水泥平板，饰面层采用涂料、墙纸或墙布等。龙骨面板外墙内保温系统如图 5-10 所示。

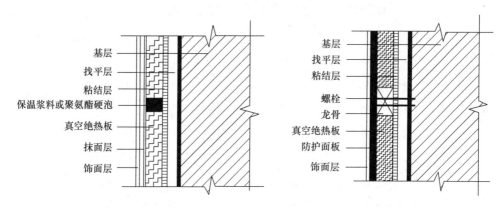

图 5-9　薄抹灰外墙内保温系统　　　　图 5-10　龙骨面板外墙内保温系统

　　（3）真空绝热板外墙夹芯保温系统

真空绝热板外墙夹芯保温系统是在外墙外侧和内侧墙体之间放置保温层，对保温材料的要求较低。相较于其他两种保温形式，在进行夹芯保温时，施工进度受施工气候影响较小，在冬季也可以照常施工，但夹芯保温因为要连接墙体两侧，需要更多的连接件，施工过程较为烦琐。

222. 建筑用真空绝热板有哪些性能要求？

建筑用真空绝热板的性能要求如图 5-11 所示。

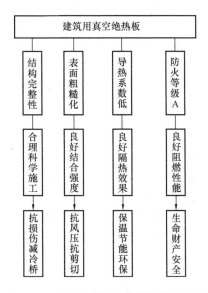

图 5-11　建筑用真空绝热板的性能要求

223. 建筑用真空绝热板有哪些形状？

建筑用真空绝热板的特殊形状是基于提高其结合强度和透气性，适应管道结构、窗台结构等功能性要求而设计的，具有开放性和多样性的特点。图 5-12 为建筑用真空绝热板形状示意图，不仅可制造出平板真空绝热板，也可制造出 L 形和 U 形，可满足不同结构墙体的需要。

224. 常用界面剂有哪些？

界面剂一般都是由醋酸乙烯-乙烯制成，具有超强的粘结力、优良的耐水性和耐老化性能。界面剂通常有两类：

（1）干粉状界面剂；

（2）乳液型界面剂。分为单组分和多组分，常用的有 VAE（醋酸乙烯-乙烯共聚乳液）乳液型界面剂、丙烯酸乳液型界面剂、苯丙型界面剂。

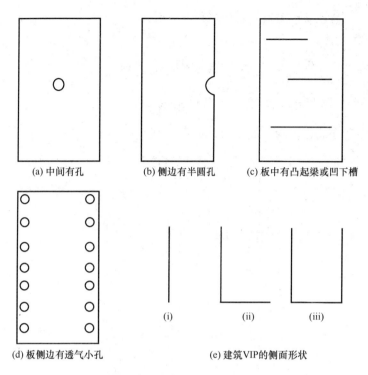

（a）中间有孔　　　　（b）侧边有半圆孔　　　（c）板中有凸起梁或凹下槽

（d）板侧边有透气小孔　　　　（e）建筑VIP的侧面形状

图 5-12　建筑用真空绝热板形状示意图

225. 丙烯酸树脂在外保温系统中的作用是什么？

胶粘剂主要成分为丙烯酸树脂乳液和骨料，丙烯酸树脂起到耐水、耐候、抗裂作用，是贯穿整个外保温系统的关键材料，其性能关系到真空绝热板的附着力和系统的耐水、抗裂、耐候及耐久性。

胶粘剂质量不稳定，通常考虑两个因素：（1）胶粘剂中丙烯酸树脂含量较低或者未含丙烯酸树脂，外保温系统的抗裂性和耐久性不够；（2）骨料中的硅砂采用未经处理的河沙或普通石英砂，因其含铁成分较高，易发生氧化反应，破坏树脂乳液分子，使其性能逐渐下降，造成外保温系统龟裂、脱落。

226. 传统丙烯酸乳液与新型丙烯酸乳液各有哪些优缺点？

目前，涂料行业用的丙烯酸乳液属于传统型乳液，这种乳液在制作时加有大量助剂，如增稠剂、成膜助剂和防霉剂等，以获得优化制备过程和良好的涂覆效果，这一类产品制备的涂料在生活中应用较为广泛。然而，这类传统型乳液主要存在以下缺陷：

（1）采用烷基酚聚氧乙烯醚作为乳化剂：烷基酚聚氧乙烯醚在水环境中可以

降解，其中乙氧基链被逐步打断和氧化，最终分解为烷基酚，烷基酚聚氧乙烯醚及烷基酚对鱼类等水生生物有危害，可随食物链逐级富集，最终影响人类身体健康。

（2）采用加羟乙基纤维素作为增稠剂：羟乙基纤维素的增稠效率高，尤其是对水性的增稠，一般添加 3% ～ 5% 的羟乙基纤维素，但羟乙基纤维素存在流平性较差、滚涂时飞溅现象较多、稳定性不好、易受微生物降解等缺点。因此，以羟乙基纤维素作为增稠剂，制备的丙烯酸乳液或利用该丙烯酸乳液进一步制备的各类涂料在存储过程中易霉变，极易分层，并且由于羟乙基纤维素亲水性好，最终导致丙烯酸乳液耐水性较差。

新型有机硅丙烯酸乳液，是由断链反应聚合而成，成膜透明，乳液硬中带韧，能迅速产生强度基硬度。其应用在涂料中时展现出优异的耐水、耐候性、抗酸、抗碱、耐黄变性等，且该乳液气味低、低甲醛、不含烷基酚聚氧乙烯醚（APEO）类非离子表面活性剂，具有高聚氯乙烯承载能力，节省了纤维素和增稠剂用量以及做基料的时间，可直接与骨料混合，同时加入分散剂可以直接与填料进行高速分散。

227. 粘结砂浆的性能要求是什么？

粘结砂浆的性能指标见表 5-8。

表 5-8　粘结砂浆的性能指标

	试验项目	性能指标
拉伸粘结强度（与水泥砂浆）/MPa	原强度	≥0.60
	耐水	≥0.40
拉伸粘结强度（与 VIP）/MPa	原强度	≥0.10
	耐水	≥0.10
	可操作时间/h	1.5～4.0

228. 抹面砂浆的性能要求是什么？

抹面砂浆的性能指标见表 5-9。

表 5-9　抹面砂浆的性能指标

	试验项目	性能指标
拉伸粘结强度（与真空绝热板）/MPa	原强度	≥0.10
	耐水	≥0.10
	压折比	≤3.0
	可操作时间/h	1.5～4.0

229. 真空绝热板外墙保温传统施工方法有哪些缺点？

图 5-13 为真空绝热板外墙布置结构示意图。

传统施工方法是在真空绝热板上先抹上粘结砂浆，然后与墙面粘结。真空绝热板采用点框贴的施工方式粘贴到基层墙体上，先在真空绝热板上涂抹粘结砂浆，粘贴面积不小于 60%，板周围挤出的胶粘剂应及时清除。真空绝热板应由建筑外墙勒脚部位开始，由下到上，沿水平方向铺设，板与板之间的缝要错开。

传统施工方法的缺点是：（1）大型真空绝热板砂浆涂抹不匀，粘贴后容易产生空腔；（2）真空绝热板与抹浆刮刀多次接触、碰撞，增大了其受损风险；（3）真空绝热板在施工人员手上滞留时间长，可能导致掉落等风险；（4）真空绝热板粘贴后，为了保证牢固性，施工人员会用相关工具多次敲击，容易导致局部损伤。

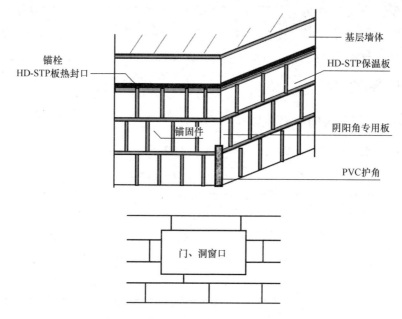

图 5-13　真空绝热板外墙布置结构示意图

230. 真空绝热板外墙保温新型施工方法有哪些优点？

新型施工方法是将粘结砂浆涂抹在墙面，然后将真空绝热板贴紧砂浆。经过轻轻晃动，挤出侧面砂浆，待侧面砂浆溢出，用刮刀将其刮平黏附在真空绝热板表面，从而形成一种特殊的砂浆半包覆结构，干燥后保证真空绝热板与墙面的粘结可靠性（图 5-14）。

新型施工方法的优点是：（1）避免了传统方法的四个缺点，保证了真空绝热板不被施工人员人为损坏；（2）保证了真空绝热板与墙体 100％面对面贴实，通过侧面翻浆固结，甚至达到 120％粘贴面，极大地提高了服役过程的可靠性；（3）减轻了施工人员工作量和操作难度，大幅度提高了施工效率。

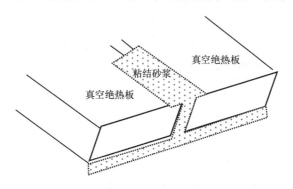

图 5-14　新型真空绝热板上墙粘结结构示意图

231. 建筑用真空绝热板常用的砂浆有哪几种？

（1）界面砂浆

界面砂浆是指由高分子聚合物乳液与助剂配制成的界面剂和水泥、中砂按一定比例拌和均匀制成的聚合物砂浆，用于改善基层或保温层表面粘结性能。

（2）粘结砂浆

粘结砂浆是由优质改性水泥、石英砂、聚合物胶结料配以多种添加剂经机械混合均匀制备而成的胶粘剂。其保水性好，粘贴强度高，施工中不滑坠，具有优良的耐候、抗冲击和防裂性能，主要用于粘结保温板，亦被称为聚合物保温板粘结砂浆。

（3）抹面砂浆

抹面砂浆涂抹在建筑物表面，兼有保护基层和满足使用要求的作用。抹面砂浆常分两层或三层进行施工，底层砂浆的作用是使砂浆与基层能牢固地粘结，应具有良好的保水性；中层砂浆主要是为了找平，有时可省去不做；面层砂浆主要是为了获得平整、光洁的表面效果。

232. 建筑用真空绝热板锚钉的材质及性能指标有何要求？

金属螺钉应采用不锈钢或经过表面防腐处理的金属制成，带圆盘的塑料膨胀套管应采用聚酰胺、聚乙烯或聚丙烯制成，不得使用回收的再生材料。其技术性能指标应符合表 5-10 所示的要求。

表 5-10　锚钉的技术性能指标

试验项目	性能指标
单个锚钉抗拉承载力标准值/kN	$\geqslant 0.30$
单个锚钉对系统的传热增加值/ [W/(m·K)]	$\leqslant 0.004$

233. 高层建筑用真空绝热板锚栓的施工设计原则是什么？

外保温系统通常承受系统的全部载荷。为防止高层建筑物在受负风压较大时产生振动，负风压较强的部位宜使用锚栓做辅助抗风压固定。外保温施工单位一般误认为锚栓设置数量多就能起到固定作用，然而过多设置锚栓反而造成系统产生热桥效应，降低其保温性能。锚栓可设置在板缝连接处，也可设置在真空绝热板内，大多在真空绝热板上设置 1 支锚栓。真空绝热板中间可制备预留孔，用于锚栓的施工。

234. 建筑用真空绝热板锚栓施工有哪些注意事项？

（1）锚栓的设置部位必须相互对应，锚栓进入墙体的深度应达到总长度的 1/3，并选用敲击式锚栓；

（2）锚栓应安装在增强网的外侧；

（3）高层建筑应采用锚固件，每块板均应为锚固件专用板；

（4）锚固件宜均匀分布；

（5）锚固件处用保温砂浆，其导热系数应 $\leqslant 0.06 W/(m·K)$。

235. 真空绝热板板面耐碱玻纤网格布有哪些要求？

（1）耐碱性能好，不被面层高碱砂浆所腐蚀；

（2）极限延伸率低，便于铺装，不起皮皱裂；

（3）抗拉强度高，抗开裂、抗冲击性能好。

其中，耐碱玻纤网格布的性能指标如表 5-11 所示。

表 5-11　耐碱玻纤网格布的性能指标

项目	性能指标
单位面积质量	$\geqslant 160 g/m^3$
耐碱断裂强力	径向$\geqslant 7502 N/50mm$，纬向$\geqslant 7502 N/50mm$
耐碱断裂强力保留率（经、纬向）	$\geqslant 75\%$
断裂应变（经、纬向）	$\leqslant 5.0\%$

236. 纤网施工有哪些注意事项?

(1) 采用两道抹灰法,先涂抹一层面积大于玻纤网的抹面胶浆,随即将玻纤网压入湿的抹面胶浆中,待抹面胶浆稍干硬至可碰触时,再抹第二道抹面胶浆;

(2) 门窗洞口部位必须做加强网处理,沿口勒角处要做翻包处理;网布粘完后要预防雨水冲刷或撞击;容易碰撞的阳角、门窗应采取保护措施;上料口部位应采取防污染措施,发生表面损坏或污染应立即处理;

(3) 施工后墙体表面在 5h 内免受其他物体碰撞,保护层 8h 内不能淋雨,待保护层终凝后及时喷水养护,昼夜平均温度高于 12℃ 时不得少于 50h,低于 10℃ 时不得少于 70h。

237. 聚合物砂浆中压入耐碱玻纤网有哪些注意事项?

(1) 在真空绝热板表面均匀涂抹底层抹面砂浆,厚度为 1.5 ～ 3mm,立即将耐碱玻纤网压入抹面胶浆中,并覆盖耐碱玻纤网,微见轮廓为宜,要平整无褶皱,耐碱玻纤网的规格不小于 $160g/m^2$,面砖系统为 $300g/m^2$。抹面胶浆稍干,硬至可以触碰时再抹第二道抹面胶浆,厚度为 1.5 ～ 2mm,以完全覆盖耐碱玻纤网为宜,抹面胶浆切忌不停揉搓;

(2) 首层墙面应加铺一层玻纤网,铺设时应加抹一道抹面胶浆。加铺的玻纤网的接缝为对接,接缝应对齐平整,玻纤网之间的搭接不应小于 100mm;

(3) 建筑大墙角应加铺一层玻纤网增强搭接,各侧的搭接宽度不小于 200mm;

(4) 门窗洞口四角应预先沿 45°方向增贴长 300mm、宽 200mm 的附加网格布;

(5) 抹面胶浆施工间歇应在自然断开处,以方便后续施工的搭接;在连续墙面上如需停顿,第二道抹面胶浆不应完全覆盖已铺好的玻纤网,需与玻纤网、第一道抹面胶浆形成台阶形坡槎,留槎间距不小于 150mm;

(6) 抹面胶浆和玻纤网铺设完毕后,不得挠动,静置养护大于 24h 之后才可进行下一道工序的施工;在寒冷潮湿气候条件下,还应适当延长养护时间。

238. 真空绝热板一体板的安装方式是什么?

真空绝热板一体板的安装方式采用"粘结+锚固"。由于真空绝热板要保持其内部真空,真空绝热板建筑保温装饰一体板锚固不可采用保温芯材锚固法,常用干字扣件卡住面板进行锚固。为了提高安全性,近年来也出现了内置锚固孔的真空绝热一体板 (图 5-15),甚至锚固金属件不在外面裸露,不会对饰面层造成破坏，增强了装饰美观性。

图 5-15　内置锚固孔的真空绝热板一体板

239. 薄抹灰外墙外保温工程对真空绝热板的粘贴有哪些要求？

（1）粘贴顺序应由上到下沿水平线进行施工，并应先粘贴阴阳角；

（2）大墙面上的真空绝热板应进行错缝施工，局部最小错缝不宜小于 100mm；当选用有边板时，板缝宽度不宜超过 20mm；当选用无边板时，板缝宽度不宜超过 10mm；

（3）粘贴方式应采用条粘法或满粘法，粘结面积不应小于真空绝热板面积的 80%；

（4）真空绝热板在粘贴时应均匀挤压，挤出的粘结砂浆应及时刮平处理；

（5）粘贴过程中真空绝热板不应被破坏；

（6）应在真空绝热板粘贴完毕静置 12h 后进行接缝处理。

240. 外墙附件安装对开口开洞有什么要求？

（1）不能在真空绝热板上直接开孔开洞；

（2）在贴真空绝热板之前，所有空调洞、排烟道要尽量打好；

（3）选择带相应规格孔的真空绝热板；

（4）现场打孔裁切，需用专用便携式封装机进行封装并进行加速老化检验。

241. 外窗保温系统一般包括哪三个部分？

图 5-16 为外窗保温系统，具体包括：

（1）断桥铝合金窗框；

（2）中空玻璃；

（3）窗框与窗洞口连接断桥节点处理技术。

外窗安装断桥铝合金中空玻璃窗户，同时通过改善窗户制作安装精度、加装密封条等办法，减少空气渗漏和冷风渗透耗热。

高性能玻璃产品比普通中空玻璃的保温隔热性能高出一到数倍。例如单面镀膜 Low-E 中空玻璃的保温隔热性能比普通中空玻璃提高一倍，德国新型的保温节能玻璃 U 值达到 0.5，比普通 360mm 砖墙加 60mm 聚苯保温层保温效果更好。

图 5-16　外窗保温系统

242. 门窗洞口处玻纤网格布铺贴有什么要求？

在门框洞口四角应预先沿 45°方向增贴长 300mm、宽 200mm 的附加耐碱玻纤网格布，以增强门窗洞口处整体强度，防止阴阳角脱落，然后按照正常工艺进行施工，如图 5-17 所示。

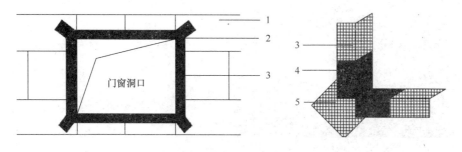

图 5-17　门窗洞口玻纤网格布加强示意图

1—真空绝热板；2—附加玻纤网格布；3—玻纤网格布翻包；4—玻纤网格布搭接；5—玻纤网格布

243. 门窗洞口玻纤网格布施工工艺是怎样的？

图 5-18 为门窗洞口节点处玻纤网格布施工图，先将玻纤网格布包窗边保护阳角，然后抹砂浆，再在外墙面贴玻纤布，将第一次贴的网格布边覆盖，起到增强效果。

(a) 网格布翻边

(b) 网格布搭角

(c) 通过200mm×200mm斜向增强网处理

图 5-18　门窗洞口节点处玻璃纤维网格布施工图

244. 窗台板处怎样防止开裂?

(1) 窗口四角附加一层耐碱玻纤网格布;

(2) 窗口高 120mm 范围内,先粘贴反包的玻纤网格布;

(3) 外面随整个墙面抹 3 ～ 5mm 厚的聚合物砂浆,中间压入一层玻纤网格布；

（4）拼缝处理现场灌聚氨酯发泡；

（5）通过膨胀密封条进行防水防裂处理。

245. 真空绝热板外墙外保温系统饰面层的设计应考虑哪些因素？

外保温系统是非承重多层复合系统，饰面层不能选用建筑力学上不安全的饰面砖作饰面材料，尤其是高层和超高层建筑。建筑规范规定外挂质量不得超过 $35kg/m^2$，否则就是极大的工程隐患。饰面层呈刚性，不适合高层建筑的物理性的柔性摆动原理。外保温饰面涂层出现裂纹、开裂、剥离、起皮同样是常见的现象，引起这种现象的原因主要有两方面：一是干燥收缩；二是温差变形。外保温饰面层中，温差变形引起的开裂是主要因素。温差变形的根本原因是由于材料选择不当，热膨胀系数差异大，昼夜温度变化及突然降温引起较大温差，导致各种材料之间的变形量不匹配。为了避免或减少这种现象的发生，通常选择有弹性变形能力可提高自身抗裂作用的涂料。外保温专用涂料与外保温系统相融性好，具有较好的亲和性、柔韧性、透气性，自洁能力优越，与外保温构造变形量设计相协调，其变形方向具有多向性，使用过程中避免了干燥过程涂膜拉裂现象。

246. 真空绝热板在施工中有哪些关键控制点？

（1）真空绝热板的粘贴施工方式需要改进，若点框贴施工方式不利于真空绝热板的受力均匀，则采用满贴的施工方式；

（2）高层建筑需要采用锚固，以加强真空绝热板与墙体的粘结强度，提高其抗负风压能力；

（3）需采用真空绝热板专用系列界面粘结砂浆，形成统一的系统内产品的品牌和型号等，避免系统因温差干燥开裂；

（4）施工方面主要控制垂直度和抹面胶浆的水平度，大面积施工时要确保粘贴真空绝热板后的平整度。

另外，施工方还需在今后的施工过程中积累经验，需要针对性地形成真空绝热板保温外墙系统的独特施工技术。

247. 建筑用真空绝热板在施工现场如何裁切？

施工现场可以对真空绝热板进行裁切，具体按照下述步骤：

（1）量取现场实际所需真空绝热板的尺寸；

（2）选择大于需要尺寸 120%～150% 的真空绝热板；

（3）按照需要尺寸将标准真空绝热板一侧热封边裁掉，取出芯材；

（4）戴上手套将芯材移出，进行裁切，得到需要的尺寸；

（5）将裁切好的芯材放回真空封装阻隔袋内，放平并调整好芯材位置；

（6）取少量酒精棉沿真空封装阻隔袋内侧对待封装膜内表面进行擦拭，去除芯材留下的残余物质，然后再用除尘黏性擦布二次擦除；

（7）将装好的待封装真空绝热板放入真空封装机内，使抽真空热封边位于密封条上方，同时调整真空封装机内层压板的位置，使真空绝热板完全贴合于层压板上；

（8）关闭真空封装机盖口，设置真空度、热封温度、热封时间和热封压力，启动开关开始工作；

（9）形成可根据施工现场要求尺寸任意控制的真空绝热板。

为便于现场裁切封装，封装的真空绝热板平面尺寸在 400mm×400mm 以内。在芯材二次裁切或三次裁切过程中，去除的宽度为 10～15mm。标准规格的真空绝热板裁切后获得的两块板都可以进行二次封装，提高利用率。

248. 真空绝热板敷好后如何打锚固件？

真空绝热板敷好后有两种打锚固件方式，具体如下：

（1）在真空绝热板预设的孔中打锚固件，见图 5-19 中 A 孔；

（2）在真空绝热板四块板的共角处打锚固件，特别要求锚栓穿透真空绝热板的热封边，锚固垫片能压住四块板的实体部分，见图 5-19 中 B 孔。

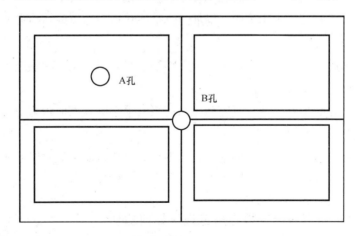

图 5-19 真空绝热板的锚栓布置结构图

249. 真空绝热板保温装饰一体板能用轻瓷作为装饰层面吗?

将轻瓷与真空绝热板复合形成一体板,能在保证低面密度条件下提高真空绝热板的耐损毁能力,提高真空绝热板的美观装饰性,提高其施工和服役安全性。轻瓷的优势在于:

(1) 轻瓷标准板厚度仅为 4mm,面密度为 $4kg/m^2$ 左右,是目前表观密度最小的无机装饰板材之一。

(2) 轻瓷底层为无机砂浆层,与胶粘剂及水泥基墙体有着相近的吸水率、热胀率,与水泥包裹的真空绝热板复合,施工后融为一体,没有脱落隐患,质轻安全。

(3) 轻瓷饰面为天然无机矿粉包裹优质氟碳树脂,色彩恒久靓丽,水泥基的板材不老化。轻瓷表面不吸水,却有着极佳的透气性,耐酸耐碱抗冻融,使用寿命可达 50 年以上。

(4) 轻瓷是采用粘结砂浆直接湿贴施工的材料,兼具刚性及柔性,其施工工序简单,劳动负荷小,施工受天气影响较小,可以大大缩短工程工期,降低施工成本。

250. 建筑物使用真空绝热板后可否使用装饰面砖?

可以,太仓市技术监督局大楼以此方式建成使用 10 年来,保持了良好的初始状态。但是,随着国家地方相关政策要求出台,真空绝热板薄抹灰系统不再鼓励使用装饰面砖,有些地方对其使用高度做了限定,有些地方甚至全面禁止使用。如果使用装饰面砖,需要注意粘贴真空绝热板用 DEA 砂浆,粘贴面积须大于或等于 90%,且真空绝热板外表面用聚合物砂浆,砂浆中嵌入 $300g/m^2$ 的耐碱玻纤网格布。DEA 砂浆是干拌瓷砖粘结砂浆,是由低碱特效膨胀熟料、高分子材料、致密材料、减缩材料等多种功能性材料配制而成的最新一代高效防水剂砂浆。

251. 真空绝热板与相变材料耦合的优点是什么?

在建筑物中,热量储存可以有效地提高居住的舒适度。这种舒适不仅与周围空气的温度和湿度有关,也与墙板的温度有关。用真空绝热板耦合相变材料(PCMs)制成的墙壁可以达到冬暖夏凉的舒适条件。当室外发生强烈的温度振幅振荡时,其墙壁可以吸收或放出热量,以降低温度振幅。真空绝热板与相变材料耦合的结构示意图如图 5-20 所示。PEG 为聚乙二醇相变材料,高温时,聚乙二醇吸热软化，储存热能；低温时，聚乙二醇放热硬化，释放热能。对真空绝热板与聚乙二醇进行科学设计，合理配置二者的位置、结构、大小，可起到自动调节室内温度的作用。

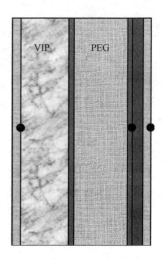

252. 真空绝热板的搭边是否影响隔热效果?

会。真空绝热板的封边宽度一般为 10～20mm，采用阶梯搭接方式。尽管阻气隔膜也是优良的绝热材料，导热系数很低，但是其厚度太薄，热阻远远不够。

"十二五"期间，真空绝热板作为新材料，社会公众对其认识有限，有施工队将热封边互相搭接，也作为外墙保温系统的面积计算在内，这是不科学的。

图 5-20　真空绝热板与相变材料耦合的结构示意图

"十四五"以来，随着国家标准《真空绝热板》（GB/T 37608—2019）的实施，建筑用真空绝热板出厂产品均为无热封边结构，即所有热封边都粘贴在平面上，再次撕下来真空绝热板就会被破坏失效。因此，"十四五"以来，建筑外墙保温不再存在真空绝热板热封边搭接问题。

253. 真空绝热板搭接处的实际导热系数是多少?

真空绝热板搭接处使用砂浆填缝，砂浆不同则搭接处会有不同的导热系数。一般水泥砂浆的导热系数为 0.93W/(m·K)，水泥石灰砂浆的导热系数为 0.87W/(m·K)，石灰砂浆的导热系数为 0.8W/(m·K)，石灰石膏砂浆的导热系数为 0.76W/(m·K)，保温砂浆的导热系数为 0.29W/(m·K)。

254. 真空绝热板拼接缝有害吗?

真空绝热板是不透气、不透水的板材，若进行大面积单板铺贴，或者多板紧密铺贴，会因为水泥墙内水汽难以散发出来，而导致夏季发霉、冬季皲裂现象。因此从隔热节能计算方面来看，真空绝热板间的拼缝降低了真空绝热板的高效绝热特性，使其实际有效导热系数下降，但是从安全性上来讲，透气型水泥拼缝具有重要作用。

255. 真空绝热板施工工艺流程是怎样的?

图 5-21 为真空绝热板施工工艺流程图。

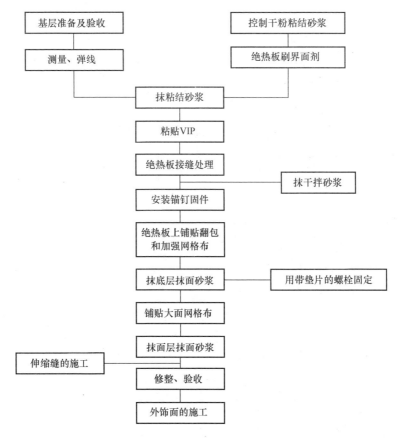

图 5-21　真空绝热板施工工艺流程图

256. 真空绝热板施工过程中容易出现哪些问题?

在引起外保温工程的质量因素中,因施工操作产生的质量问题相当普遍。因此,规范外保温工程施工操作、加强施工过程中的严格质量监控、根据真空绝热板的特点进行专业化服务指导等,都是保证外保温工程质量的重要控制手段。施工中容易出现的问题主要有以下几个方面:

(1) 施工环境条件比较恶劣。不得在冬季低温情况下施工,施工温度不低于 5℃,5 级以上大风和雨雾天不得施工,禁止在雨天施工,否则不仅养护时间发生变化,材料受到冻结后也会破坏产品品质,严重影响整个系统的质量。

(2) 基层处理不彻底。基层表面不宜过于干燥,清除基层表面的油污、脱模剂等妨碍粘结的附着物。凸起、空鼓和疏松部位应剔除并找平。面层不得有粉化起皮、爆灰、返碱现象。旧楼改造时，彻底清除原基层的涂膜和原饰面砖的虚贴空鼓部分，过于光滑部位应做打磨处理。

（3）树脂与水泥的混合比例不当。树脂的主要成分是纯度 100% 的丙烯酸树脂乳液，渗入到真空绝热板的颗粒缝隙中，使其具有良好的柔韧性和附着力。因丙烯酸达到养生期需要相对较长的固化时间，加入水泥可以缩短养生时间，起到养生促进剂的作用；如超过正常的配比，树脂乳液成分浓度降低，会造成附着力下降，产生疏松及脱落现象。

（4）真空绝热板受硬物挤压。施工时，尖锐物可能刺穿真空绝热板，导致真空绝热板失效；也可能受到金属钝器的撞击或硬物挤压，虽然从表面上看，真空绝热板没有破损，但是隔膜中脆性大的铝箔可能已破裂，使真空绝热板的气密性受到影响，从而寿命降低。

257. 真空绝热板施工过程中应注意哪些问题？

（1）高层建筑宜用锚栓辅助固定；

（2）真空绝热板长度不宜大于 600mm，宽度不宜大于 400mm；

（3）必要时应设置抗裂分隔缝；

（4）基层表面应清洁，无油污、脱模剂等妨碍粘结的附着物，凸起、空鼓和疏松部位应剔除并找平，找平层应与墙体粘结牢固，不得有脱层、空鼓、裂缝，面层不得有粉化、起皮、爆灰等现象；

（5）基层与粘结砂浆的拉伸粘结强度不应低于 0.3MPa，并且粘结界面脱开面积不应大于 80%；

（6）粘贴真空绝热板时，应将界面剂涂在真空绝热板背面，达到全覆盖且界面剂涂抹面积应该延伸至真空绝热板的侧面；

（7）真空绝热板应按顺砌方式粘贴，竖缝应逐行错缝；

（8）墙角处真空绝热板应交错互锁，门窗洞口四角处真空绝热板不得切割拼接，应采用整块真空绝热板，真空绝热板接缝应离开角部至少 200mm；

（9）应做好系统在檐口、勒脚处的包边处理，装饰缝、门窗四角和阴阳角等处应做好局部加强网施工，变形缝处应做好防水和保温构造处理。

258. 真空绝热板漏气之后的导热系数是否就是芯材的导热系数？

不是。封装膜和芯材都是绝热材料，前者导热系数为 450mW/(m·K)，约 100μm 厚，后者在大气压下导热系数为 30mW/(m·K)，厚度以 10mm 计。真空绝热板漏气之后，封装膜与芯材之间填充了空气，而空气也是优良的绝热材料，静止空气导热系数为 26mW/(m·K)。按照加和规律，漏气后真空绝热板的导热系数是封装膜、空气、芯材的导热系数的加和，通过计算可知漏气后真空绝热板的导热系数约为 31mW/(m·K)。

259. 建筑用真空绝热板漏气后如何处理？

（1）上墙前已破损。真空绝热板破损后产生漏气，空气进入引起芯材回弹、袋子鼓胀。根据芯材的回弹率不同，真空绝热板的鼓胀程度不同，漏气后的真空绝热板用肉眼可以观察出来，需将已破损的真空绝热板剔除。

（2）上墙后发生漏气。上墙后真空绝热板破损漏气，空气进入真空绝热板引起芯材回弹，对覆盖其上的抹面砂浆和饰面层产生向外的作用力，但玻璃纤维极易在其表面吸附水膜，玻璃纤维吸水后因表面张力作用而塌缩，长期工作状态下相互作用芯材并不发生显著回弹。抹面砂浆中含有耐碱加强网格布，抹面砂浆养护固化后，其剪切强度大于 0.2MPa，而真空绝热板产生的鼓胀强度最大为 0.1MPa，因此不会引起墙面鼓胀。但是，为防止鼓包现象的发生，提出以下措施：

① 在纤维芯材中添加无机粉体材料，如碳酸钙、硅酸钙、石灰石等。粉体材料一方面为玻璃纤维材料提供支撑，减小真空绝热板漏气后产生的回弹；另一方面可以吸收芯材中的水汽，维持内部低压状态，减弱真空绝热板的回弹。

② 改善抹面砂浆的韧性，如增加抹面砂浆中胶粉的含量，增强抹面砂浆抗裂能力，也可以有效地避免抹面砂浆产生裂纹、裂缝。

③ 抹面砂浆中耐碱加强网格布需达到要求规格。

260. 如何避免真空绝热板的漏气问题？

（1）提高工艺车间的清洁度，芯材与阻气隔膜进行烘干处理；

（2）提高阻气隔膜的质量，封边口处保持清洁干净；

（3）对于环境使用真空绝热板，需在真空绝热板制成后，在封口边缘处进行第二次封口；

（4）施工现场切忌尖锐物刺破；

（5）现场裁切一次真空热封时，封边内须用浸酒精的无纺布擦拭干净，避免粉体残留在热封边内。

261. 真空绝热板上墙后其平整度如何控制？

与传统材料比较，真空绝热板质量轻、硬度大、刚度大、表面平整且不变形，施工后保温材料表面平整。

使用前先用杠尺对墙面进行平整度处理，利用砂浆的塑性获取垂直性表面，然后粘结真空绝热板，再借助水平仪、激光仪等量具对真空绝热板进行平面矫正。

262. 真空绝热板上墙竣工后可能会遇到哪些问题？

（1）用户在阳台安装空调等可能会破坏真空绝热板，所以在施工前预先设定好孔洞用于安装这些设备。

（2）真空绝热板上墙后，由于真空绝热板不透水不透气，存在板内侧粘结砂浆的水分挥发问题。一般将整体墙面真空绝热板贴完，在夏季等最初贴面约 1 周、春秋季需等 2～3 周后，再次进行表面施工。

（3）单片真空绝热板粘结不牢问题。所以在整个墙面敷设完成后，需要用高密度耐碱玻纤网格布进行整体覆盖，保证墙面的安全性。

263. 真空绝热板在哪些部位需设变形缝？

（1）建筑物设有伸缩缝、沉降缝和防震缝处；

（2）基层墙体设有变形缝处，如温度缝处；

（3）基层墙体材料改变处；

（4）外保温系统与不同材料相接处；

（5）在结构可能产生较大位移的部位，如屋面标高变化处（外墙高度变化处）、建筑体型突变或建筑体系变化处；

（6）除以上部位必设变形缝外，真空绝热板外墙保温系统还需设置抗裂分割缝，建议水平缝的间距不宜超过 5m（宜每个楼层设一个），垂直缝在阴角部位设置，其余间距不宜超过 10m。

264. 真空绝热板虚贴现象是什么原因造成的？

（1）基层墙面的平整度未能达到要求，真空绝热板刚性大不易变形；

（2）在墙面过于干燥情况下粘贴真空绝热板，胶浆水分被墙面吸干而引起真空绝热板虚贴；

（3）在雨后墙面含水量过大情况下粘贴真空绝热板，胶浆水分不能被墙面吸附而流挂导致真空绝热板虚贴；

（4）胶浆的配置稠度过低或粘结胶浆的黏度指标控制不准确，使得胶浆初始黏度过低，胶浆贴附到墙面时产生流挂，导致真空绝热板空鼓、虚贴；

（5）在施工中，没有准确地按技术规程要求操作，对每块真空绝热板的粘贴胶浆涂抹得高低不平、分布不均，导致虚贴。

265. 外墙外保温系统的检查内容是什么？

（1）保温板系统中板材粘贴面积及粘贴强度；

（2）保温砂浆系统中保温砂浆厚度及粘贴强度；

（3）泡沫保温系统中保温层的厚度；

（4）基层墙面必须清理干净，无油污及妨碍粘贴的附着物，垂直度、平整度必须满足规范要求，找平层与基层必须粘贴牢固，无脱层、空鼓、裂缝；

（5）固定锚栓件的规格、安装数量、抗拔强度、耐碱玻纤网格布的性能指标及热镀锌丝网网孔大小、丝径和镀锌层质量；

（6）外墙面砖的粘贴强度。

266. 保温装饰板外墙外保温系统的检查内容是什么？

（1）保温装饰板墙面不应有变形、错位和松动现象；

（2）保温装饰板的主要承力构件、连接件和连接螺丝等连接应可靠、无锈蚀和损坏等；

（3）装饰面板表面不应有污损或漆膜破坏现象；

（4）硅酮建筑密封胶不应有脱胶、开裂、起泡，发泡胶条不应有老化等损坏现象；

（5）整体墙面不应有渗漏；

（6）遭遇台风、地震、火灾等灾害后，应及时对保温装饰板外墙外保温系统进行全面检查。

267. 外墙内保温系统的检查内容是什么？

（1）室内墙体上的电器、重物和挂镜线等固定部件的安装，应严格按设计和施工预留标示位置进行；

（2）墙面固定应首选粘结锚固方式，安装连接件处可选择预留或有龙骨位置进行，否则连接件锚固深度不得大于石膏板等墙面面板和表面墙皮抹灰的总厚度；

（3）禁止有钢钉等长金属件从室内穿透到室外，避免夏季结露出现发霉现象。

268. 外墙外保温系统对基层墙体有哪些要求？

做找平层，厚度约 20mm，采用 1：2 或 1：3 水泥砂浆。采用该砂浆，表面强度可达到 0.5MPa。要求表面干燥、平整，无空鼓、粉化、开裂、疏松物等异常现象。平整度和垂直度应符合表 5-12 的规定。

表 5-12　外墙外保温系统对基层墙体的要求

基层墙体	项目			要求		备注
钢筋混凝土或加气混凝土砖填充墙	基层面强度			表面强度可达到 0.5MPa		—
	基层面外观状态			无油污、脱模剂、浮尘等影响粘结效果的异常现场		不合格，实施界面处理
	墙面垂直度	每层		≤4mm 偏差（2m 托线板检查）		不合格，实施找平
		层高	≤10m	≤8mm	经纬仪或吊线检查	不合格，实施找平
		全高		$H/1000$ 且≤30		不合格，实施找平
	表面平整度	2m 长度		≤3mm 偏差（2m 靠尺检查）		不合格，实施找平

269. 外保温系统脱落是什么原因造成的？

（1）胶粘剂中的纯丙烯酸树脂乳液与不含铁分子的硅砂达不到外保温专用技术对产品的质量要求；

（2）机械固定时锚固件的埋设深度不够；

（3）粘结胶浆配比不准确，或选用的水泥不符合外保温的技术要求；

（4）基层表面的平整度偏差过大，不符合外保温工程对基层的允许偏差的质量要求；

（5）基层表面含有妨碍粘贴的粉化油腻等物质，没有对其进行彻底的界面处理；

（6）粘结面积不符合规范要求、粘结面积过小，未达到粘结面积的质量规范要求；

（7）玻纤网格布不达标，服役过程中粉化，不能起到整体防护作用。

270. 内墙面泛霜结露是什么原因造成的？

（1）保温节点设计方案不完善，导热系数高的金属件暴露，局部形成冷桥，内墙面过冷，室内温度较高；

（2）楼体竣工期晚，墙体里的水分没有散发出来就做外保温层，室内温度高，水分向内挥发，导致内墙面变凉。

271. 装饰面砖滑落的主要原因是什么？

掉砖现象的直接原因是由于面砖的自重大于面砖和砂浆之间的界面剪切强度，而界面剪切强度的下降是由于选材不当引起的。由于装饰面砖的热膨胀系数、导热系数与砂浆以及真空绝热板的热膨胀系数差异过大，昼夜的温差在装饰面砖与砂浆间产生应力，引起界面脱黏，减弱了界面结合强度，从而导致装饰面砖滑落。

272. 真空绝热板作为建筑外墙外保温材料在国外有无工程实例？

位于德国慕尼黑中心地段（雷尔区）栽茨街 23 号的商住楼于 2004 年建成，是一栋全部用真空绝热板做外墙外保温材料的较大建筑物。该建筑物外墙和阳台的围护材料全部使用真空绝热板保温材料，能耗只有大约 $20kW \cdot h/（m^2 \cdot a）$，低于德国低能耗房屋标准 $30 \sim 70kW \cdot h/(m^2 \cdot a)$，更远远低于慕尼黑商住房能耗的平均值 $200kW \cdot h/(m^2 \cdot a)$。

在这幢超低能耗建筑的节能方案中，新型外墙保温技术产品真空绝热板的采用对于整体节能效果起到了至关重要的作用。为达到同样的保温效果，至少需要 25cm 厚的聚苯板，而这里采用的保温复合体系厚度仅为 1cm。真空绝热板真空隔热系统示意图如图 5-22 所示（由内至外）。

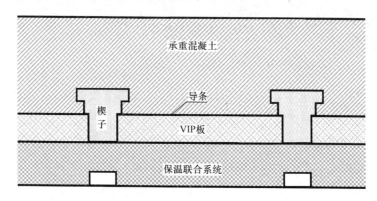

图 5-22　真空绝热板真空隔热系统示意图

图 5-22 中所示的保温联合系统可以保护真空绝热板免受机械创损和气候影响，减缓导条处的热桥效应，还可为窗户等构件的连接处保温，并作为通风设备的安装板。预埋在混凝土中的楔子减缓了固定导条处的热桥效应并使得锚装简单易行。除了建筑物的东、南、西墙之外，所有阳台也都用了真空绝热板系统围护。

由于真空绝热板良好的隔热性能，该建筑仅用很薄的保温墙体就达到了低能耗建筑的标准。与采用聚苯板外保温墙相比，真空绝热板超薄外墙"节约"出的每平方米建筑使用面积的成本约为 3500 欧元，而该建筑物所处地段的房价每平方米约为 4000 欧元。这样一来，真空绝热板保温系统的采用给建筑开发商带来额外的销售收入，给用户带来更大的使用面积，真正做到了节能建筑既节能又省钱还增面积。

273. 青岛德国企业中心保温工程案例如何？

青岛德国企业中心（图 5-23）是由德国政府扶持、为海外德国企业投资服务的机构，也是中国规模较大、标准较高、功能较全的德国企业服务平台。该项目总投资 6.7 亿元，总建筑面积 7.5 万 m^2，于 2015 年 12 月建成。

图 5-23　青岛中德生态园被动房技术体验中心（青岛德国企业中心）

该项目节能要求较高，根据设计要求，外墙保温系统采用 DEA 聚合物粘结砂浆粘贴 30mm 厚 STP 板、10mm 厚 DBI 干拌砂浆（中间压入一层耐碱玻纤网格布）罩面保护层；饰面层构造为 DTA 砂浆粘贴 5mm 厚陶瓷锦砖，DTG 砂浆勾缝。图 5-24 为外墙保温基本结构，图 5-25 为锚固及板缝处理示意图。

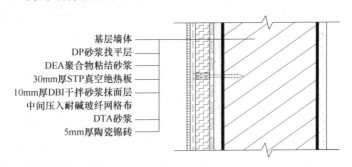

基层墙体
DP砂浆找平层
DEA聚合物粘结砂浆
30mm厚STP真空绝热板
10mm厚DBI干拌砂浆抹面层
中间压入耐碱玻纤网格布
DTA砂浆
5mm厚陶瓷锦砖

图 5-24　外墙保温基本结构

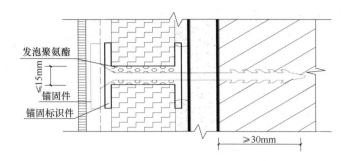

图 5-25　锚固及板缝处理示意图

该项目完工后，完全达到了设计要求，保温效果良好。2014 年 7 月，该项目被德国 DGNB（可持续建筑协会）评为预认证金奖项目，是全球最大的 DGNB 金奖预认证综合体项目，也是亚洲第一个在建的 DGNB 预认证金奖项目。2015 年 4 月，该项目正式获得由住房城乡建设部颁发的"三星级绿色建筑设计标识证书"，成为国内首个获得国家绿色建筑三星级与德国 DGNB 金奖双认证的项目。

274. 我国使用真空绝热板做保温材料的标志性建筑有哪些？

截至 2020 年年底竣工的工程中，我国真空绝热板作为外保温材料的累计施工面积已超过 1 亿 m^2，其中标志性建筑有太仓质量技术监督局检测大楼（2011 年竣工，纤维/粉体 STP，2 万 m^2）、扬州市华鼎星城小区（2013 年竣工，粉体/纤维 STP，11 万 m^2）、齐齐哈尔人民医院第三附属医院（2014 年竣工，一体化真空绝热板，4500m^2）、北京中国尊大厦（2015 年竣工，粉体/纤维 STP，5000m^2）、淄博市圣联智园小区（2020 年竣工，铝扣真空绝热板，8.6 万 m^2）。

275. 真空绝热板与聚氨酯在冷库中应用工程计算对比效果如何？

真空绝热板作为一种隔热性能极佳的材料，在大温差传热场合可发挥明显的保温作用，如果在冷库的隔热层中使用真空绝热板，将大大提高冷库围护结构的隔热效果，从而实现节能、环保。以 2000t 冻肉冷藏库为例，土建冷库墙体隔热防潮结构如图 5-26 所示。

根据冷库设计规范中关于冷库计算吨位的公式可得到该冷库的公称容积，如果冷库按照立方体考虑，除去地坪、冷库墙体及屋顶的换热面积约为 2200m^2，设定热流密度为 9W/m^2，室内外平均温差为 55K。

可以算得围护结构传热总热阻为：

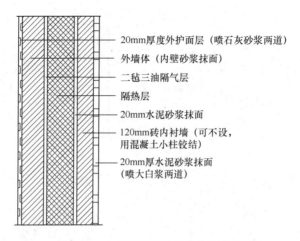

图 5-26 土建冷库墙体隔热防潮结构

$$R = \frac{\Delta t}{q} = \frac{55}{9} = 6.1 \text{m}^2 \cdot \text{K/W} \tag{5-11}$$

式中 Δt——内外墙间温差，单位为℃；

  q——热流密度，单位为 W/m^2。

  围护结构隔热材料的厚度为：

$$d = \lambda \left[R - \left(\frac{1}{\alpha_w} + \frac{d_1}{\lambda_1} + \frac{d_2}{\lambda_2} + \cdots\cdots + \frac{d_n}{\lambda_n} + \frac{1}{\alpha_n} \right) \right] \tag{5-12}$$

式中 d——隔热材料的厚度，单位为 m；

  λ——隔热材料的导热系数，单位为 $\text{W/(m} \cdot \text{K)}$；

  R——围护结构总热阻，单位为 $\text{m}^2 \cdot \text{K/W}$；

  α_w——围护结构外表面传热系数，单位为 $\text{W/(m}^2 \cdot \text{K)}$；

  α_n——围护结构内表面传热系数，单位为 $\text{W/(m}^2 \cdot \text{K)}$；

d_1、d_2、$\cdots$、d_n——围护结构除隔热层外各层材料的厚度，单位为 m；

λ_1、λ_2、$\cdots$、λ_n——围护结构除隔热层外各层材料的热导率，单位为 $\text{W/(m} \cdot \text{K)}$。

  （1）采用常规发泡聚氨酯

  采用纯聚氨酯发泡，聚氨酯的导热系数为 31mW/（m·K），可得厚度 d 约为 184mm，即要想达到热流密度为 9W/m^2，隔热层至少需要 184mm 厚的聚氨酯泡沫。聚氨酯发泡市场价约为每立方米 1000 元，若隔热层聚氨酯厚度为 184mm，则每平方米传热面积的隔热层材料价格约为 184 元。

  （2）采用真空绝热板复合隔热结构

  由于真空绝热板形体单一，易损易破，在转角和拐弯处无法做到连续和密封衔接，不能独立承担隔热层角色，实践中必须借助其他材料来粘结和密封。聚氨酯有很好的粘结力，一般借助聚氨酯发泡时产生的粘结力将真空绝热板与聚氨酯组成复合隔热层。

真空绝热板的导热系数为 3mW/ (m·K)，采用厚 10mm，可得复合隔热层中聚氨酯厚度为 81mm，即要想达到热流密度为 9W/m²，只需一层 10mm 厚的真空绝热板加上约 81mm 厚的聚氨酯泡沫即可。

10mm 规格的真空绝热板市场价格约为每平方米 160 元，再加上 81mm 厚的聚氨酯，则每平方米传热面积的隔热层材料价格约为 240 元，而隔热层厚度比只使用聚氨酯要薄约 93mm。

与单纯采用聚氨酯作为隔热材料比较，采用真空绝热板加聚氨酯的复合隔热材料费用增加约 56 元/m²。对于 2000t 冻肉冷藏库实例，整个冷库墙体隔热需要增加 12.3 万元。此外，由于采用的真空绝热板的复合隔热层较薄，能够为冷库增加至少 205m³ 的储藏容积。冷库隔热层使用不同材料的效果对比如表 5-13 所示。尽管现阶段在冷库隔热层中采用真空绝热板复合结构的价格要比单纯采用聚氨酯发泡高，但每平方米 56 元左右的差价在接受范围之内，另外，采用真空绝热板的隔热层要比单纯采用聚氨酯要薄得多，大大节省了土地面积，扩大了冷库的储藏容积。

表 5-13　冷库隔热层使用不同材料的效果对比

	导热系数/ [mW/(m·K)]	隔热层厚度/mm	每平方米价格/ (元/m²)
聚氨酯	31	184	184
真空绝热板＋聚氨酯复合	3 （真空绝热板）	91	240

第 6 章　真空绝热板组织机构及相关标准

276. 真空绝热板国际协会是什么组织?

真空绝热板国际协会（VIPA International）创立于 2014 年 8 月，全球办公室设在比利时布鲁塞尔，并在美国华盛顿特区设立了分支机构。VIPA 是一个依据美国特拉华州法律成立的非盈利性组织，也是一个全球性的贸易协会，代表着真空绝热板行业制造、供应设备或材料公司的利益，也对有志于支持 VIPA 工作的研究机构和学术机构开放。

VIPA 的创始成员为赢创工业集团（德国）、福建赛特新材股份有限公司（中国）、Hanita 涂布公司（以色列）、金斯潘建材公司（英国）、可耐福保温材料公司（德国）、欧文斯科宁建材公司（美国）、Rexor 公司（法国）、Turna 公司（斯洛文尼亚）、Va-Q-Tec 公司（德国）、青岛科瑞新型环保材料有限公司（中国）、原苏州维艾普新材料有限公司（中国）、南京航空航天大学（中国）。

VIPA 的使命宣言：统一代表全球真空绝热板行业的心声，推广优质产品，提高人们对该行业节约空间、节能、减少二氧化碳排放的认识。

277. 国际真空绝热材料会议（IVIS）是什么会议?

国际真空绝热材料会议（International Vacuum Insulation Symposium, IVIS）是一个专门研讨真空绝热板及相关技术的学术会议，2003 年以前每年举办一次，2005 年以后每两年举办一次，目前已经举办了 14 届，第 15 届国际真空绝热材料会议原计划于 2021 年 9 月在英国伦敦布鲁内尔大学举行，因受疫情影响延迟到 2022 年 4 月 11 日—12 日。

278. 国际真空绝热材料会议历届会议的主办方是谁?

2005 年以来的会议举办地信息如表 6-1 所示。

表 6-1　历届 IVIS 会议举办地信息

举办年	举办地	主办单位
7th-IVIS（2005）	瑞士·苏黎世	苏黎世联邦理工大学

续表

举办年	举办地	主办单位
8th-IVIS (2007)	德国·维尔茨堡	巴伐利亚应用能源研究中心
9th-IVIS (2009)	英国·伦敦	英国皇家科学研究所
10th-IVIS (2011)	加拿大·渥太华	加拿大国家研究委员会
11th-IVIS (2013)	瑞士·苏黎世	苏黎世联邦理工大学
12th-IVIS (2015)	中国·南京	南京航空航天大学
13th-IVIS (2017)	法国·巴黎	法国建筑科学技术中心
14th-IVIS (2019)	日本·京都	近畿大学和京都大学
15th-IVIS (2022)	英国·伦敦	布鲁内尔大学

279. 中国首次申办 IVIS 国际会议的过程是怎样的？

2013 年 9 月 19 日—20 日，第 11 届国际真空绝热材料会议在瑞士苏黎世迪本多夫镇瑞士联邦材料科学与技术实验室举行，真空绝热板领域的学术界和产业界 300 余人莅临大会，其中亚洲代表占 8％，欧美代表占 92％。南京航空航天大学材料科学与技术学院陈照峰教授课题组 5 人参加了此次盛会，中国绝热节能材料协会时任秘书长胡小媛女士到会致辞。陈照峰教授代表中国向 IVIS2013 大会科学委员会提交了主办第 12 届国际真空绝板热材料会议的申请，汇报了中国真空绝热板材料的研究现状，全面分析了中国的学术水平和应用潜力，经过紧张的答辩和激烈的竞争，南京航空航天大学全票通过获得了第 12 届国际真空绝热材料会议的主办权，这是国际真空绝热材料会议第一次在非欧美发达国家举行。

280. IFSIM 是什么类型的会议？

超级绝热材料国际论坛（International Forum of Super Insulation Materials，IFSIM）是由南京航空航天大学发起的国际性超级绝热材料学术和技术会议，致力于推动真空绝热板学术和技术的全面进步。参加人员主要是真空绝热板、芯材、膜材、吸气剂、检测仪器、制造装备及冷链和建筑应用等相关领域研究、生产和评价单位的领导、专家、学者、学生、研发和技术骨干。论坛举办四年来有力地提升了我国真空绝热板的技术水平、产业实力和行业凝聚力；连续四届累计邀请了 24 场国际专家报告和 24 场国内专家报告，培训了将近 400 人次，提升了真空绝热板国际国内影响力，增强了真空绝热板国际竞争力，使真空绝热板成为绝热节能材料行业一支重要的先进力量。

281. IFSIM 历届会议主题是什么?

2018IFSIM 主题:真空绝热板　冷链物流　建筑节能

2019IFSIM 主题:绝热材料　航空航天　冷链物流　建筑节能　工业保温

2020IFSIM 主题:绿色装备　绿色工艺　绿色应用

2021IFSIM 主题:碳达峰　碳中和　航空航天　绝热节能　先进材料

282. 2018 年 IFSIM 特邀报告有哪些?

(1) 真空绝热板在冷气候环境下的应用性能(Phalguni 教授,加拿大维多利亚大学);

(2) 钢膜质硬质真空绝热板的数值估算及其在建筑领域的应用展望(岩前篤教授,日本近畿大学);

(3) 湿热环境中真空绝热板的尺寸、干燥剂和吸气剂对玻璃纤维真空绝热板长期热性能的影响(小椋大輔教授,日本京都大学);

(4) 真空绝热板在韩国的研发和应用(Jun-Tae KIM 教授,韩国国立公州大学);

(5) 真空绝热板的老化行为和耐久性问题探讨(Samuel Brunner 博士,瑞士联邦材料科学和技术实验室);

(6) 影响真空绝热板性能的几个重要问题研究(Yoash Carm 博士,艾莫利哈尼塔公司首席科学家);

(7) 气凝胶在历史建筑和古迹翻修中的应用(Michal Ganobjak 博士后,麻省理工学院);

(8) 真空绝热板在薄幕墙中的应用机会和挑战(Fred Edmond Boafo 博士,韩国国立公州大学);

(9) 真空绝热技术在冷链物流装备中的应用研究(阚安康高工,上海海事大学);

(10) 快速发展的低成本高性能真空绝热板芯材(徐滕州博士,南京航空航天大学);

(11) 基于知识产权的真空绝热板区块链(陈照峰教授,南京航空航天大学)。

283. 2019 年 IFSIM 特邀报告有哪些?

(1) 下一代超级绝热材料(Phalguni 教授,加拿大维多利亚大学);

（2）真空绝热板国际标准中的几个重要问题（Jun-Tae KIM 教授，韩国国立公州大学）；

（3）北方寒冷地区建筑用真空绝热复合保温材料工程应用技术与实践探析（陈一全高工，山东省建设发展研究院）；

（4）MLI 技术在 LNG"一罐到底"新业态中的实践（甘智华教授，浙江大学）；

（5）真空绝热板热桥效应数值模拟及其试验研究（阚安康高工，上海海事大学）；

（6）超细纤维芯材微观结构对真空绝热材料热性能影响研究（陈舟副教授，南京工业大学）；

（7）纳米线构筑的硅基陶瓷气凝胶（王红洁教授，西安交通大学）；

（8）航天高性能气凝胶材料的应用（艾素芬研究员，航天五院 529 厂）；

（9）从绝热材料的专利申请趋势看行业未来发展（翟艳利工程师，北京高沃律师事务所）；

（10）真空绝热技术让建筑成为超低能耗房屋（汪靖高工，北京零能昊建筑科技有限公司）；

（11）玻纤真空绝热板的工艺优化及其芯材的新设计（李承东副教授，江南大学）；

（12）真空绝热板保温装饰一体化特点及发展趋势（陈照峰教授，南京航空航天大学）。

284. 2020 年 IFSIM 特邀报告有哪些？

（1）真空绝热板在建筑中的应用前景（Phalguni 教授，加拿大维多利亚大学）；

（2）真空绝热板 40 年发展综述（Roland Caps 博士，德国 V-Q-Tec 公司）；

（3）真空绝热板在瑞典室内外的应用（Johansson 教授，瑞典查尔姆斯理工大学）；

（4）真空绝热板的老化研究（Samuel Brunner 博士，瑞士联邦材料科学和技术实验室）；

（5）真空绝热板支撑实现可持续发展目标（Harjit Singh 博士，IVIS2021 主席，英国布鲁内尔大学）；

（6）真空绝热技术的发展现状及建筑应用（Jan Kośny 教授，马萨诸塞大学洛厄尔分校）；

（7）真空绝热板的应用前景分析（胡小媛高级工程师，中国绝热节能材料协会原副会长兼秘书长，中国硅酸盐学会绝热材料分会副理事长）；

（8）真空绝热板国家标准解读（张剑红研究员，南京玻璃纤维研究设计院）；

（9）真空绝热板板材导热测量方法与案例（徐梁经理，德国耐驰仪器公司）；

（10）真空绝热板在建筑中的应用以及节能表现（黄生云高工，中国建筑科学研究院有限公司）；

（11）基于非稳态的真空绝热板布局对多层保温系统影响的研究（阚安康高工，上海海事大学）；

（12）低维纳米材料的制备和应用（伍晖副教授，清华大学）；

（13）区块链和大数据在真空绝热板研究中应用（魏先华教授，中国科学院大学）；

（14）国内外真空绝热板专利技术深度分析（翟艳利工程师，北京高沃律师事务所）；

（15）气凝胶的功能设计、控制合成及应用（张学同研究员，中科院苏州纳米技术与纳米仿生研究所）；

（16）真空绝热板生产装备（王学佳总经理，山东华绿保节能环保科技有限公司）；

（17）真空绝热板导热系数 1.0 之路（陈照峰教授，南京航空航天大学）。

285. 2021 年 IFSIM 特邀报告有哪些？

（1）VIP 美国冷链回顾及边缘矫正的新关系（David W. Yarbrough 博士和 H. H. Saber 博士，美国 R&D 服务公司）；

（2）辐射制冷薄膜材料的设计及其应用（朱斌教授，南京大学）；

（3）建筑外墙围护结构的红外热成像能源性能评估（Phalguni Mukhopadhyaya 教授，加拿大维多利亚大学）；

（4）真空绝热一体化板及其应用（孙俊研究员，中科院合肥物质科学研究院）；

（5）真空绝热板——新冠病毒疫苗冷链运输保障（杨丽霞副教授，南京航空航天大学）；

（6）VIP 在建筑中的长期服役性能研究（Bijan Adl-Zarrabi 教授，瑞典查尔姆斯理工大学）；

（7）3D 打印气凝胶材料（赵善宇博士，瑞士 EMPA 实验室）；

（8）国际真空绝热板发展研讨（Raquel Ponte Costa 执行经理，真空绝热板

国际协会);

(9) 真空绝热板使用寿命预测模型及试验验证 (阚安康高工, 上海海事大学);

(10) 全真空建筑在碳达峰和碳中和战略中的作用和意义 (陈照峰教授, 南京航空航天大学)。

286. 中国绝热节能材料协会真空绝热板分会何时成立?

2020 年 10 月 27 日, 中国绝热节能材料协会第七届四次理事会审议并通过了《关于成立协会下属机构"真空绝热板分会"的议案》。

2021 年 6 月 9 日, 中国绝热节能材料协会第七届八次常务理事会、五次理事会期间, 召开了真空绝热板分会成立大会、真空绝热板分会第一届一次理事会。

287. 中国绝热节能材料协会真空绝热板分会秘书长单位是哪家?

南京航空航天大学。

南京航空航天大学致力于超细玻璃棉及其芯材的真空绝热板研究, 与哈尼塔公司共建"绝热与节能材料国际联合实验室", 与加拿大维多利亚大学、英国牛津布鲁克大学、瑞士苏黎世大学建立了良好的合作关系, 并于 2015 年成功主办第十二届国际真空绝热材料大会 (亚洲首次), 为中国超细玻璃棉芯材真空绝热板取代欧美纳米气相二氧化硅芯材真空绝热板起到持续的推动和决定性作用, 使我国成为真空绝热板技术先进和产能最高的国家之一。

288. 中国绝热节能材料协会真空绝热板分会有哪些任务?

(1) 建立 VIP 分会会员章程。在协会章程基础上, 制定分会章程, 重点是分会会员进出原则, 打造金牌分会, 包括总则、业务范围、会员组织机构和负责人产生、罢免、资产管理、使用原则, 以及章程的修改程序等。

(2) 进行会员企业资格核实。对会员提交的资料进行现场复查, 确定会员均为真空绝热板及其相关领域的研发、生产、销售、贸易企业, 确认技术来源。

(3) 推动真空绝热板产品分类和标准化。增加真空绝热板竞争力, 保证产品质量, 提高真空绝热板在建筑行业和政府的口碑, 树立真空绝热板国家品牌形象, 积极推动真空绝热板产品标准化。

(4) 开展真空绝热板企业绿色认证。为规范企业生产、树立行业良好形象, 将根据国家、行业相关政策和标准积极开展绿色工厂认证工作, 为应用单位采购提供参考标准。

（5）真空绝热创新中心建设。根据中绝协发〔2021〕10 号文件，积极开展真空绝热板膜材、芯材和板材专业技术研发中心认证，推动企业行业技术进步，推动地标性品牌建设。

（6）推进真空绝热板标志性创新应用。以真空绝热板模块化和功能化为方向，在建筑内保温、共享社区冷库、最初一公里生鲜和最后一公里生鲜等领域创新示范应用，培育真空绝热板新兴市场，提高真空绝热板在碳达峰中的作用和影响力。

（7）推进更先进的行业标准建设。基于国家标准，根据真空绝热板发展趋势，制定更新更先进的真空绝热板冷链标准，提升我国真空绝热板标准在国际上的话语权，提高真空绝热板标准等级。

（8）推动真空绝热板正版正货。根据国家政策，引导企业、行业、专业市场和电商平台实施"正版正货"推进计划，与龙头企业、品牌企业联合创建市级、省级真空绝热板国家知识产权创新示范区。

（9）推进真空绝热板知识产权联盟。学习中央关于知识产权相关文件，与国家知识产权优势企业合作，建立真空绝热板知识产权联盟，实现相互许可，提高真空绝热板的专利价值，保护企业创新成果。

（10）真空绝热板新产品联合研发。针对真空绝热板共性技术问题，以及双碳市场发展的新需求，协会组织联合高校、企业，共同研发，共同承担研发、测试费用，减轻企业压力，研发成果按照出资比例享用。

（12）设备仪器联合研发。针对真空绝热板生产中设备凌乱和工艺分散的现状，加强对设备优势企业引导，加强企业间技术共享，形成我国独具特色和知识产权的真空绝热板流水生产线，提高自动化和智能化。

（13）开展真空绝热板及其系统无损检测。以建筑真空绝热板外墙和内墙保温系统，以冰箱真空绝热板与聚氨酯复合保温系统为对象，通过红外图像及其人工智能识别技术，评价系统质量，判断系统可靠性，预测系统服役寿命，提高系统安全性。

（14）组织好两个国际会议。组织好面向国内、每年一届的超级绝热材料国际论坛 IFSIM，组织好面向国际、两年一届的国际真空绝热材料会议 IVIS，不断提高我国真空绝热板产业的技术实力和国际影响力。

（15）进行真空绝热板全生命周期评价（Life cycle assessment，LCA）。LCA 认证是从原材料采掘到废弃物最终处理的全过程跟踪与定量分析，真空绝热板导热系数低，隔热性能好，通过与瑞士 EMPA 合作，对其进行全周期 LCA

评价，确认其 LCA 的优异性，提升真空绝热板的竞争力。

（16）推进优势企业间设备和产品互认。设备互认、检测互认、工艺互认、人员互认，实现龙头、品牌、市场销售优势企业与有一定生产能力的优势企业之间产能互补，减少被动投资和恶性竞争，增加企业间协同互助，提高产业效益。

（17）摄制真空绝热板建筑应用宣传片。包含真空绝热板原材料、制造工艺、性能特点、外墙施工标准、要求、工艺规范、检测，以及国家相关政策标准，提高社会对真空绝热板的认知度。

（18）定期发布真空绝热板发展白皮书。积极开展企业走访调研，定期发布真空绝热板白皮书，对国内外真空绝热研发、生产、应用情况进行权威发布，使我国真空绝热板分会成为国际真空绝热板信息中心，为投资扩产和政府政策提供决策。

289. 真空绝热板在新兴产业中如何分类？

2018 年 11 月 26 日，国家统计局网站发布了《战略性新兴产业分类（2018）》（国家统计局令第 23 号），相比 2012 年版本，新增了隔热隔音材料制造行业，并将"真空绝热板"单独列到重点产品和服务中（国民经济行业代名称"3034－隔热和隔音材料制造"重点产品和服务"真空绝热板"）。

290. 真空绝热板领域有哪些国家标准？

截至 2021 年，真空绝热板领域共颁布了三项国家标准，分别是《真空绝热板》（GB/T 37608—2019）、《真空绝热板有效导热系数的测定》（GB/T 39704—2020）和《真空绝热板湿热条件下热阻保留率的测定》（GB/T 39548—2020）。

291.《真空绝热板》（GB/T 37608—2019）的主要内容是什么？

《真空绝热板》（GB/T 37608—2019）中规定了真空绝热板的分类和标记、技术要求、试验方法、检测规则、标志、包装、运输及贮存。该标准适用于长期在－40～70℃下使用的建筑及工业领域真空绝热板。

292.《真空绝热板有效导热系数的测定》（GB/T 39704—2020）中规定了哪些真空绝热板有效导热系数的测定方法？

《真空绝热板有效导热系数的测定》（GB/T 39704—2020）中规定了如下三种真空绝热板有效导热系数的测定方法：

方法 A：采用《绝热材料稳态热阻及有关特性的测定 防护热板法》（GB/T 10294）防护热板法的原理，通过消除非计量区域的传热影响，测试与计量区域尺寸相同的真空绝热板的有效导热系数；

方法 B：采用《绝热 稳态传热性质的测定 标定和防护热箱法》（GB/T 13475—2008）防护热箱法的原理，通过测量试件的传热系数，然后转化为真空绝热板的有效热阻值与有效导热系数；

方法 C：通过先测量真空绝热板的中心区域导热系数，然后结合阻气隔膜相关信息，计算出真空绝热板有效热阻值与有效导热系数。

293. 真空绝热板湿热条件下热阻保留率的测定标准是什么？

真空绝热板湿热条件下热阻保留率测定标准是中华人民共和国国家标准《真空绝热板湿热条件下热阻保留率的测定》（GB/T 39548—2020），由国家市场监督管理总局、国家标准化管理委员会批准。在标准中规定：热阻保留率是在规定的温度和湿度条件下，将试样处理一定的时间，处理后与处理前的中心区域热阻之比。

294. 我国建筑节能设计标准有哪些？

我国建筑节能设计标准分为民用建筑节能设计标准和公共建筑节能设计标准两类。民用建筑节能设计标准是《严寒和寒冷地区居住建筑节能设计标准》（JGJ 26—2018），公共建筑节能设计标准是《公共建筑节能设计标准》（GB/T 50189—2019）。

295. 有没有真空绝热板在建筑上的应用技术规程？

有。现行的应用技术规程为《建筑用真空绝热板应用技术规程》（JGJ/T 416—2017）。该规程对薄抹灰外墙外保温工程、外墙内保温工程、保温装饰板外墙外保温工程、屋面及楼面保温工程、复合预制墙板制作及施工、复合玻璃幕墙板制作及施工与复合砌块制作及施工中真空绝热板的应用方法做出了详细的规范。

296. 外墙外保温材料耐候性的检测标准是什么？

我国外墙外保温材料耐候性的检测标准是中华人民共和国行业标准《外墙外保温工程技术标准》（JGJ 144—2019），由中华人民共和国住房和城乡建设部批准。该标准要求为：外墙外保温系统经耐候性试验后，不得出现饰面层气泡或剥

保证每块都是国标真品

LVZHIZHENKONGBAOWENZHUANGSHIBAN

铝质真空保温装饰板
微玻纤真空绝热板

铝质真空保温装饰板:由微玻纤真空绝热板与带氟碳涂层的铝镁锰板复合而成,具有耐候性强、A级不燃保温效果好、安全性能高等优点。

微玻纤真空绝热板:具有高强度、低热值、易粘接、真正的A级防火等特点。

导热系数 ≤ 0.004 W/(m·K)

 服务热线 400-1678-119 | 山东信泰节能科技股份有限公司
地址:山东潍坊临朐东泰路 | 扫码了解更多详情 Scan the code for more details | 绿色建材 优质名牌 高新企业

内蒙古普泽新材料科技有限公司
Inner Mongolia PUZE New Materials Science and Technology Co., Ltd.

内蒙古普泽新材料科技有限公司,成立于2017年8月,位于内蒙古自治区乌兰察布市丰镇市高科技氟化学工业园区西区。公司占地900多亩,建有四条板(条)生产线和两条粒状棉生产线,年产15万吨矿棉;配套建设年产4万吨的酚醛树脂生产线和年产1600万㎡的两条矿棉吸声板线、珍珠岩生产线;利用密闭煤气建设20MW汽轮机及25MW发电机组,总投资8亿元。企业已实现全产业链无废循环绿色发展新型模式。

公司以主体公司普源铁合金有限责任公司冶炼的硅锰合金尾料固废渣,生产出矿棉、矿棉吸声板、无机纤维喷涂棉等产品;经对矿纤不断优化升级,加工出超级绝热板、摩擦密封材料、碳陶复合板、纤维聚合刹车片等产品的主原料,投放市场后深受客户认可。公司2021年被行业协会评定为全国热熔渣纤维技术研发中心,获得绿色产品、ISO体系等多项认证,并取得十二项专利。为当下碳达峰、碳中和做出自身努力,公司不断开拓发展新型生态循环产业,为区域经济奉献力量,为碧水蓝天增光添彩!

节能·环保·防潮·吸声·防火

岩棉、粒状棉　规格:600mm×1200mm　密度:50~140kg/m³　厚度:50~120mm

吸声板　规格:600mm×600mm/600mm×1200mm　厚度:12/14/15/16cm

超级绝热板　规格:400mm×600mm（定制）

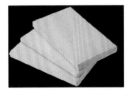

公司地址:丰镇市高科技氟化学工业园区西区　　客服电话:400-026-6686

SANYOU

江苏山由帝奥节能新材股份有限公司
Jiangsu Sanyou Dior Energy-saving New Materials Co.,Ltd.

公司成立于2003年,坐落于江苏省常州市西太湖科技产业园;主营业务是为客户提供高低温解决方案,开发方向为隔热新材料;主要产品有耐高温烤炉炉门衬垫、橡胶密封件、汽车线束隔热保护套、真空绝热板、聚氨酯真空板以及保冷箱等。公司注重人才培养和技术创新,重点引进先进的加工技术及设备,不断优化产品工艺,积极关注科技前沿的新型材料,优化产品结构,完善产品品质。公司专利涵盖产品结构设计、生产工艺、生产设备等领域,现有78项国内外授权专利,其中发明专利27项。

公司大部分产品为出口,远销欧洲、北美、日本、韩国、泰国等国家和地区,国内主要客户为海尔和格力。公司曾两次获得美国通用电气授予的卓越供应商奖牌。目前,公司正在与航天部合作开发一种超低温应用真空绝热板,产品已获得航天部的应用许可。

根据客户的特殊隔热需求,公司将持续研发应用于不同领域的各种异形真空绝热板。

产品　　产品应用　　公司专利和荣誉

地址:中国江苏省常州市西太湖产业园区果香路10号
电话:86-519-81691250　　传真:86-519-83971673　　邮箱:info@czsanyou.com

成都瀚江新材科技股份有限公司
Chengdu Han Jiang New Materials Polytron Technologies Inc

企业简介

　　成都瀚江新材科技股份有限公司(简称"瀚江新材")成立于1995年,坐落于西部地区大型铁路港——成都市青白江区,现已构建了成都青白江、广东清远、安徽广德三大玻璃棉新材及其应用新材综合型生产基地。公司作为中国绝热节能材料协会会长单位,已通过国际质量、安全、环境体系认证,是多项国家标准及行业标准的起草、修订单位,现有140余项专利技术及多项科技成果。

　　瀚江新材以创造绿色、环保、节能、安静的生活为目的,运用科学和技术的力量,为航空制造、汽车制造、轨道交通、环保建筑、绿色家装、新型智能家电、工业保温、冷链系统等领域提供高性能环保、保温、吸声、阻燃新材料。

技术优势

　　公司全资子公司安徽吉曜玻璃微纤有限公司采用干法工艺制备真空绝热板芯材,具备完整的流水线作业条件,能够实现从芯材生产到封装的不间断连续作业。

　　瀚江新材的芯材纤维直径纤细柔软,离散度优异,成品导热系数在市场上具有明显优势。

公司地址:成都市青白江工业开发区复兴大道88号,成都瀚江新材科技股份有限公司
联 系 人:顾霜杰 13918593780
联系地址:安徽省广德市经济开发区南一路2号,安徽吉曜玻璃微纤有限公司
联系电话:0563-6020888

神州集团
SHENZHOU

专研保温节能 40 年

40 YEARS
DEDICATION TO
THERMAL INSULATION
AND ENERGY SAVING

河南卓涛新材料科技有限公司

公司简介

    河南卓涛新材料科技有限公司位于河南省焦作市沁阳市沁南新材料产业园区，占地 20000m²，年产微玻纤真空绝热板 300 万 m²，是一家集真空绝热板研发、生产、销售与服务于一体的高新科技企业。目前，公司主要产品有微玻纤真空绝热板、微玻纤工业隔热保温板及各类芯材等，其导热系数有三个型号，分别为 0.005W/(m·K)、0.008 W/(m·K) 和 0.012 W/(m·K)。公司产品具有高阻燃、高效保温、环保节能、质量轻、施工便捷等特性，可广泛应用于建筑保温、工业保温、冷链运输保温等领域。

公司网址:www.topzhuo.com
公司地址:河南省沁阳市沁南集聚区适居路西侧50米
联 系 人:靳女士 13903898359

峨眉山长庆新材料有限公司

  峨眉山长庆新材料有限公司成立于2009年，是一家专业从事气相法纳米二氧化硅（俗称白炭黑）研究、生产和销售的高科技企业。产品广泛应用于硅橡胶、涂料、油漆、油墨、胶粘剂、化妆品、医药、食品等一百多个行业。

  十多年来，公司本着"坚持科技创新、科技进步不动摇"的经营理念，不断投入科技技改资金，使产品的各项指标不断接近世界先进水平。公司开发出了具有自主知识产权的专有技术——年产5000吨气相法白炭黑的单线工艺技术，单线生产能力位于国内前列，产品质量居国内先进水平。目前，公司已获得发明专利2项，实用新型专利15项，计算机软件著作权登记12项。

  公司于2016年获得"国家高新技术企业"称号，被评为硅产业链循环经济试点企业，并于2021年获得"全国科技型中小企业"称号。

峨眉山长庆新材料有限公司

公司网址：www.emcqxc.com   公司地址：四川省峨眉山市绥山镇大庙路1号

联 系 人：熊女士 18781375302 徐女士 13698395499

苏州市君悦新材料科技股份有限公司
Suzhou Junyue New Material Technology Co., Ltd.

CCTV推荐企业 江苏省专精特新企业 姑苏领军人才企业
高性能气硅芯材、高阻隔膜材专业提供商

　　苏州市君悦新材料科技股份有限公司是专业的新型纳米绝热保温材料生产商、节能解决方案提供商,致力于节能保温领域。公司主营各种防火隔热材、建筑板材、真空绝热板、纳米微孔绝热板及其他新型材料,是一家集研发、生产、销售于一体的专业制造商。产品广泛应用于冷链运输、医药运输、建筑工程、高温窑炉、航空等领域的保温隔热,已畅销欧、澳、美洲等几十个国家和地区。公司先后引进多条先进的纳米绝热板生产线,拥有齐备的检测系统,在降低成本和保证品质的同时,有强大的交期保障能力。

纳米微孔绝热板

高性能气硅芯材

建筑用真空绝热板

真空绝热板

铝箔气泡隔热材

　　公司拥有6项发明专利和41项实用新型专利,技术储备雄厚。作为一家高新技术企业,公司成立以来一直与清华大学、中科院(苏州)纳米研究所靳健教授团队及南京航空航天大学陈照峰教授团队通力合作,成立了含多名硕、博士研究生的专业研发团队,曾主导起草产品的国家和行业标准。公司研制的新型纳米阻燃绝热保温材料被列入《江苏省重点推广新产品新材料目录》《国家重点节能低碳技术推广目录》,通过科技部成果鉴定,评审会一致认为该产品"属国内初创,节能效果较好"。

　　公司成立以来一直积极推行全面质量管理,相继取得了ISO 9001质量管理体系认证、ISO 14001环境管理体系认证和SGS认证,执行欧盟RoHS指令,始终坚持以"诚信 责任 创新 共赢"为价值观,以"致力节能减排 共创碧水蓝天"为使命,已经走在了行业前列。

官网:http://www.junyuecn.com/
电话:13915568686　　服务热线:4008-831532　　邮箱:contact@junyuecn.com
地址:江苏省苏州市吴中区胥口镇茅蓬路699号

福美新材料
ECOTHERM INSULATIONS

南通福美新材料有限公司
Nantong Ecotherm Insulations Co., Ltd.

专业 — 稳定 — 高效 — 创新

二氧化硅芯材、二氧化硅VIP、高温纳米微孔绝热板

南通福美新材料有限公司成立于2018年,位于美丽的沿海城市、有名的长寿之乡——江苏省如皋市。公司产品基于日本的专业新材料技术,立足于绝热新材料的研发与生产,依托专业的技术团队和原材料优势,为客户提供专业的绝热产品及绝热技术解决方案,并以稳定的质量、良好的性能和卓越的服务赢得了国内外客户的认可和称赞。

▶ 导热系数

二氧化硅芯材 —— 0.020 W/(m·K)　　　　二氧化硅VIP ——0.004 W/(m·K)

▶ 定制尺寸

长宽范围 ——100～1500 mm　　　　厚度范围 —— 5～50 mm

网址:http://www.ecotherm-insulations.com/
地址:江苏省南通市如皋市下原镇工业园区
电话:0513-87998288　　手机:18121240858（李先生）

滁州银兴新材料科技有限公司
CHUZHOU YINXING XINCAILIAO KEJI YOUXIAN GONGSI

滁州银兴新材料科技有限公司（前身为滁州银兴电气有限公司，简称"滁州银兴"）成立于2001年，是一家集真空绝热板（VIP）研发、生产、销售于一体的高新技术企业，拥有省认证企业技术中心、安徽省冰箱保温材料工程技术研究中心、博士后科研工作站等多个平台。公司于2005年开始研发真空绝热板，是国内较早研发、生产真空绝热板

的企业。公司非常重视知识产权和标准化建设，先后参与了三项真空绝热板国家标准制定和多项建筑用真空绝热板团体标准制定，并于2011年作为主编单位编制了安徽省真空绝热板地方标准。公司严格贯彻《企业知识产权管理规范》（GB/T 29490），申请了近百项专利技术，其中已授权的发明专利有十余项。

经过十多年的凝心聚力发展，滁州银兴始终坚持以《质量管理体系 要求》（GB/T 19001）、《环境管理体系 要求及使用指南》（GB/T 24001）、《职业健康安全管理体系 要求及使用指南》（GB/T 45001）为指引，因"性能优良，质量稳定"的口碑，得到众多家电巨头客户认可。公司是安徽省进出口民营百强企业之一，产品遍布欧、美、亚、澳等地区。近年来，公司荣获"安徽省专精特新中小企业""安徽省科学技术奖""滁州市市长质量奖"等诸多荣誉。

滁州银兴家电用真空绝热板的中心导热系数值可达 0.002W/（m·K），建筑用真空绝热板的中心导热系数值可达 0.005W/（m·K），且为 A（A2）级防火材料，质量小，安装牢固，是"双碳"政策下节能建筑的可靠选择！

公司地址：安徽省滁州市世纪大道 888 号
联系人：李国军 13855010100　吴乐于 15155062993